青少年感兴趣的100个植物奥秘

QINGSHAONIAN GANXINGQU DE 100GE ZHIWUAOMI

>>>>>>>>>>> 本书编写组◎编 <<<<<<<<<<<

NEW
精品读物

世界图书出版公司
广州·上海·西安·北京

图书在版编目（CIP）数据

青少年感兴趣的 100 个植物奥秘 /《青少年感兴趣的
100 个植物奥秘》编写组编 . —广州：广东世界图书出
版公司，2011.4（2021.5 重印）
ISBN 978 - 7 -5100 - 3440 - 4

Ⅰ . ①青… Ⅱ . ①青… Ⅲ . ①植物 – 青年读物②植物
– 少年读物 Ⅳ . ①Q94 – 49

中国版本图书馆 CIP 数据核字（2011）第 058320 号

书　　名	青少年感兴趣的 100 个植物奥秘
	QINGSHAONIAN GANXINGQU DE 100 GE ZHIWU AOMI
编　　者	《青少年感兴趣的 100 个植物奥秘》编写组
责任编辑	李欣鞠
装帧设计	三棵树设计工作组
责任技编	刘上锦　余坤泽
出版发行	世界图书出版有限公司　世界图书出版广东有限公司
地　　址	广州市海珠区新港西路大江冲 25 号
邮　　编	510300
电　　话	020-84451969　84453623
网　　址	http://www.gdst.com.cn
邮　　箱	wpc_gdst@163.com
经　　销	新华书店
印　　刷	唐山富达印务有限公司
开　　本	787mm × 1092mm　1/16
印　　张	13
字　　数	160 千字
版　　次	2011 年 4 月第 1 版　2021 年 5 月第 9 次印刷
国际书号	ISBN　978-7-5100-3440-4
定　　价	38.80 元

前　言

　　植物是生命的主要形态之一,包含了如树木、灌木、藤类、青草、蕨类、地衣及绿藻等熟悉的生物,已知有 30 余万种,遍布于自然界。它们有的生活在陆地上,有的生活在水中;有的生活在海拔上千的高原上,有的生活在干旱的沙漠中;有的喜阴,有的喜阳;有的能够存活万年,有的却是昙花一下……

　　植物与人类的关系十分密切。放眼望去,我们的周围都分布着或多或少的植物。通过光合作用,植物为人类提供了氧气;植物有消除噪音、净化空气的作用,为人类提供良好的生活环境,等等。植物中的各种各样的蔬菜、瓜果为人类生存提供了物质基础;有的植物能为人类提供工业生产的原料;姹紫嫣红的花朵为人类提供了视觉上的享受……

　　除了上面提到的常识,你还知道哪些呢? 你知道有会跳舞的草吗? 你知道有会听音乐的植物吗? 你知道当今世界上仅剩一株的珍贵树木是什么吗? 你知道海岸卫士红树林是如何"怀胎生子"的吗? 你知道洗衣树普当吗? 你知道植物竟然同人类和动物一样也是有血液和血型的吗……当我们读完这本《青少年感兴趣的 100 个植物奥秘》后,这些疑问都会迎刃而解。

　　本书从科学的角度探讨了 100 个植物的奥秘,让广大青少年读者在紧张的学习生活之余,在轻松、愉悦的阅读过程中,走进形形色色的植物世界,了解植物的逸闻趣事,开阔视野、增长见识。

目　录

变态的茎

茎一般有下列特征：有节间、顶芽和侧芽；上面要长叶子，幼嫩的茎应为绿色，而且茎端的生长点裸露，不像根尖端有根冠。

尽管我们常常吃马铃薯，但有些人还不知道我们吃的是植物的茎，错认马铃薯的块茎是它的根。

仔细观察一下，马铃薯上确实有茎的这些特征，不过由于长期适应地下生活，有的特征退化得不明显罢了。

马铃薯是茎。这些在地下生活的茎失去了绿色，变了形。它的末端膨大，内部形成层分裂的大细胞，充满了从地上部分运来的淀粉。这种退化的茎叫做块茎。这个块茎上同样有节间，不过节间极短。马铃薯暴露在阳光下也像它的地上茎一样显示绿色，那是阳光下块茎中出现了叶绿素。马铃薯也有顶芽，顶芽和马铃薯着生的部位恰好相对。"马铃薯茎"上原来的叶子早已退化，在腋芽旁边可以找到很早就自行脱落的无色鳞片，还留有叶痕。每个芽眼中有三个芽（有时更多），其中仅有一个芽可以发展成芽，其他两个都变成休眠芽。如果用一条线，由一个芽眼引向另一个芽眼，就可以获得特有的螺旋状叶序。芽眼上能长出小枝，这些小枝还能向下长出不定根，这都是茎所具有的特点。

洋葱头也叫鳞茎，是变态茎的一种。鳞茎也是一种大大缩

短了的枝条，其形状常为梨形的、卵形的和扁球形的。洋葱的茎，称为鳞片盘。许多下层的多片叶就着生在鳞茎盘上，这些叶层层相叠，好像鳞片，有时一个鳞片完全能把另一个鳞片包起来，有时又像房上的瓦一样错落相叠。

鳞茎和块茎都是变态的茎，但是它们的叶子大不一样，马铃薯块茎都是小而干的鳞片状的退化叶，鳞茎的叶变成多汁的肉质叶。洋葱外部鳞片干燥的像皮肤一样的无营养的鳞片，起保护作用覆盖在外面，里面是多汁营养鳞片，是由这个变态枝条的下层叶形成的。

为什么洋葱的茎会成为如此特异的样子呢？为什么洋葱含有这么多的糖（洋葱的鳞片中含糖高达6%）呢？原来这是洋葱的生长条件决定的。

许多植物都有鳞片茎，如郁金香属、水仙属、百合属等。这些植物，许多都是沙漠和草原地带的植物。洋葱在沙漠中发芽生长，环境十分艰苦，又干又热，又常埋进风沙，所以种皮不易脱落。从种子中长出的小茎长时间被种皮包裹在沙土中，长出来的茎在表土上形成小弓一样的环。叶子肉质，多水多糖，可以抵御干旱。风沙又使它不得施展，它们就层层"拥抱"着那个伸展不开的小茎，簇集成一团。到了夏末，叶子开始枯萎，就呈现出层层鳞片。这些薄而紧密的鳞片能保护洋葱的生命整体，使它在一年内不会因热、旱而干枯，甚至把它放在装有热炉子旁边也不会干枯。

洋葱里含有很多杀菌素，把青蛙放在装有洋葱末的罐子里会很快死去。我们只要把洋葱放在嘴里咀嚼3分钟，就可以把口腔中的细菌消灭干净。

在植物界，还有许多植物为了适应环境，在与自然斗争的过程中，形成了稀奇古怪的变态茎。

仙人掌生活在沙漠等干旱地带，由于长期干旱缺水，叶子退化成刺，而茎秆变得肥厚粗大，茎秆都变成绿色，可以代替叶子进行光合作用，这是叶状肉茎。

芦根和藕的茎很像竹鞭，看上去很像根，其实这是它们的茎，称为根状茎。它们长在地下，而且横向生长。

 # 变味果——神秘果

在西非的热带森林里生长着一种三四米高的常绿灌木，属山榄科。它的叶簇生在枝条顶端，叶片倒卵形，有明显的叶脉。花小，白色，一年开两次。成熟时果皮朱红色，果实的个体不大，呈椭圆形，长约2厘米，直径约8毫米，里面仅有一个较大的种子和少量稍带甜味的果肉。这种果实看起来很平常，但吃了它之后，不论再吃酸的柠檬还是很苦的橙子，都感觉到香甜可口，因此当地人称它为"神秘果"。

经过专家分析和鉴定，发现神秘果里含有一种糖朊的活性物质，吃了它能关闭舌部主管酸、涩、苦的味蕾，开放主管甜的味蕾，所以能使人们的味觉暂时引起变化。

神秘果树原产西非，当地居民常用它来调节食物的味道。也有用神秘果制成丸剂出售。这种丸剂的味道跟鲜水果没什么两样，有调节味觉的功能。神秘果丸剂的问世，引起了医学界的重视，研究者们正设法从神秘果中提取一种制剂，帮助糖尿病患者吃上甜食而不影响健康。

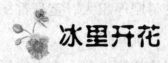

冰里开花

20世纪60年代，在我国东北的哈尔滨市，有关方面曾经举办过一次相当轰动的花卉展览。

冰凌花

展览上最出风头的是一盆盛开在冰雪中的小花，那花呈黄色，开放在茎部的顶端，就像一只只小酒盏一样，真正是冰里开花。早春季节，冰城哈尔滨的天气仍然冷得够呛，路上的行人全都把自己捂得严严实实，急匆匆行进在车水马龙的大街上。

可这些小草却不怕冷，它们那淡紫色的花萼托着黄色的花瓣看上去很是精神，尽管寒风把小草吹得一歪一斜的，但它们仍然昂起了头，像是在说：冬天有什么可怕，我无所畏惧。

这开着黄色小花的就是有名的冰凌花。在冰凌花的老家——中国黑龙江省、吉林省和辽宁省的茫茫林海边，早春的冰雪尚

青少年感兴趣的100个植物奥秘

未融化，阳光中已经透出几丝暖意，冰雪依然覆盖的大地上却像是约好了似的，一夜之间冰凌花全都开放了。在刺骨的寒风里，在肃杀的景色中，盛开的冰凌花带来的不仅仅是异乎寻常的美丽，它们还带来了顽强的自信。怪不得，凡是看过生命力顽强的冰凌花开花的人都不会忘记它。

冰凌花的学名叫侧金盏花，又叫冰里花、凉了花、顶冰花、冰顶花和冷凉花，在植物分类学上属毛茛科，与牡丹和芍药有着一定的亲缘关系。冰凌花身上具有毛茛科的一些原始性状，比如，花被的分化并不明显——花瓣与花萼的大小和形态相差得并不多，雄蕊多数分离，且呈螺旋状排列，果实为聚合瘦果。

冰凌花是一种先开花、后长叶的植物，当它那黄色花儿绽放的时候，包在淡褐色或白色的鞘质膜中的嫩绿色叶芽已经在萌动之中。冰凌花的开花时间大约是 10 天。10 天以后，它们就抽生出三角形、呈羽状全裂的叶子，这叶子很像胡萝卜的叶子。它们的紫色茎在开花时长仅 5~15 厘米，在开花以后猛长到 40 厘米。

冰凌花是一种多年生植物，它长有粗短的根状茎，根状茎上还长有许多胡须般的侧根。冰凌花开花时间一直可以持续到 5 月初。5 月末 6 月初，冰凌花的种子就能成熟。每个冰凌花的聚合果可包含 70 枚淡绿色的种子，而 1000 粒冰凌花的种子才 7.5 克重。当种子成熟以后，冰凌花的地上部分就枯萎了，它们进入了休眠期。

冰凌花为什么能在冰雪里傲放呢？原来是因为冰凌花长有粗壮的根状茎。冰凌花喜欢湿润的森林腐殖土，这种土壤里所含的无机盐和矿物质元素十分丰富，非常有利于养料的积累。因此，在冬天到来之前，冰凌花的根状茎早就储存了足够的营养。一到早春，这些营养就源源不断地供给冰凌花的花蕾，让它们在凛冽的寒风中、在冰天雪地里仍然灿烂地开出一地的黄花。

早在几千年前的周代，生活在黑龙江流域的我国少数民族曾将冰凌花作为奇花异草进贡给当时的皇帝。如今我们知道，冰凌花不仅是一种娇美但不失刚强的观赏植物，而且还是一种药用植物。据研究，冰凌花的全身都含有强心苷等成分，具有强心、利尿、镇静和减缓心跳的功能。

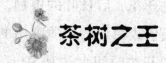

茶树之王

我们通常见的茶叶，是由茶树上的幼嫩叶片经炒制以后而成的。

茶树是一种常绿的灌木或小乔木，属于茶科、茶属。茶属是一个庞大的家族，共有 220 种，我国就占 190 种，所以我国是全世界茶属植物最多的国家。其中主要分布在云南省，有"云南山茶甲天下"的说法。不仅种类繁多，而且品种济济，花朵累累。我国一些古老的、高大的名茶树也出自这里。

在云南省西双版纳傣族自治州勐海县南横山村，有一棵大茶树，其高为 5.47 米，主干周径 1.38 米，树冠 10.9×9.89 米。据哈尼族的历史资料记载，这株大树已种植了 800 余年，

至今依然枝繁叶茂，每年都可采到一批鲜叶。当地人民称它为
"茶树王"。

在云南省普洱县还有一棵茶树，高达 13 米，粗 3.2 米，据
记载距今已有 1700 年的历史，是我国现存最古老的一棵茶树，
人们也称之为"茶树王"。但上面说的这两株，还不算最高大
的。最高大的生长在云南竹勐海县巴达乡原始森林中，这棵茶
树中的巨人高达 32.12 米，胸径 1.03 米，据鉴定，它是我国迄
今发现的最高的茶树。

在四川省南川县德隆乡华林村有一株茶树。其树干周径是
1.76 米，距地面 3 米处长出三个分枝，分枝高达 10～12 米，
径粗达 20 厘米，树干光滑，深灰色，冠幅达 6 米。这棵大茶树
年产鲜叶约 120～140 斤，茶子约 20～30 斤。用这些茶叶泡出
的茶，清香味浓。南川县是我国茶树的原产地之一，在其附近
的山林中，有野生茶树上万株。当地农民常把野生茶树移植到
房前屋后种植。

茶树，古代也作"茗"。其叶革质，椭圆状披针形，于秋
冬之间开下垂的黄心白花，清香诱人。其果实为球形，黑色，
直至第二年秋天才能成熟。茶树性喜温暖湿润的气候，排水良
好的土壤，用播种、扦插、压条及嫁接等法都可进行繁殖。

茶树除新叶可制茶之外，它的枝叶繁密，树冠整洁，叶片
碧绿，花香四溢，因而是有名的观赏树木。在园林绿化中，它
适于种植在路旁、台坡，池畔及雕像、花坛四周，如与桂花、
梅花、玉兰、玫瑰、苍松、翠柏相出的液汁，可治痰阻窍络、
中风、癫狂以及痰热喘等病；竹茹为淡竹去表层绿色后刮成的
薄带状片，具有清热止呕，涤痰开郁的功能，而竹根可益气补

心血，止渴下乳。

竹子因青翠秀丽而具有很高的观赏价值，自古以来与松、梅并举为"岁寒三友"，园林庭院中，因有翠竹点缀，而平添许多幽趣。

 # 大王花身世之谜

大王花是世界开得最大的花，同时也可能是世界上最令人厌恶的花，因为它总是散发着一种极其难闻的味道，因此又叫尸臭花。它的花特别大，一般直径有1米左右，最大的直径可达1.4米。这种花有5片又大又厚的花瓣，整个花冠呈鲜红色，上面还有点点白斑，每片长约30厘米，一朵花就有6~7千克重，因此看上去既绚丽而又壮观。花心像个面盆，可以盛7~8千克水，是世界"花王"。

虽然大王花的花很大，但它的种子很小，比罂粟的种子还小，种子萌发时体积膨大，穿破种子的外皮，长出形状像洋白菜一样的芽，过一个月后花便开放。盛开的大王花艳丽多彩。5片多浆汁的花瓣厚而坚韧，每个花瓣有四五厘米厚。花朵中央还有一个圆口大蜜槽，其容积相当大，能注入5.5千克水。大王花一生只开一朵花，花期4天。花朵刚开时倒还有点香味，以后就臭不可闻了。花粉散发出来的恶臭招来许多苍蝇，这些苍蝇便成了大王花的主要授粉者。松鼠对花粉也很感兴趣，常常从一个花药舔到另一个花药。

在花期的第四天，大王花的较大的花瓣开始脱落。这是花凋谢的标志。在几周内，其他的裂片也迅速脱落，颜色变黑，最后变成一摊黏稠的黑色物质，授了粉的雌性花，在以后的7个月内逐渐形成一个半腐烂状的果实。

大王花的身世长期以来就是个不解之谜，不过科学家已经利用基因分析技术揭开了这个谜底。

大王花是于1818年由创建英国在新加坡殖民地的托马斯·斯坦福德·拉弗尔斯爵士和博物学家约瑟夫·阿诺德在苏门答腊岛雨林地区的一次科学考察中被发现的。实际上，大王花的植物学近亲中许多开的花直径也不过几毫米。

大王花属于大花草科，与一品红、爱尔兰钟和诸如橡胶树、蓖麻、木薯等同属一个家族。它具有很多令人称奇的特性，可以称得上是植物学上的"离经叛道者"：它一方面从另一种植物中"盗取"营养物；另一方面哄骗昆虫在其上面授粉的寄身植物。

此外，大王花还有一些与众不同的特性。它能够开出重达15磅（7千克）的花，却没有特定的开花季节，也没有根、叶和茎，寄生于一些野生藤蔓上。迄今为止，科学家们还不知道大王花的种子是如何发芽和生长的，它也从不进行光合作用（植物一般通过光合作用吸取来自阳光的能量）。花朵颜色血红，布满了深褐色的花苞，散发着一堆烂肉的臭味，甚至能释放热量，它们看上去和闻上去都像是一堆腐烂的肉，也许它们这样做是模仿刚刚死去的动物，以便引诱以腐肉为生的飞虫在其上面授粉。

东南亚部分地区的雨林生长着多种大王花，婆罗洲是这一地区生物多样性的中心。大王花的历史可追溯到距今一亿年前的白垩纪，这个时期也是恐龙时代结束、开花植物问世的年代。研究人员相信，在长达 4600 万年的历史长河中，大王花在停止缓慢的进化步伐之前，花朵尺寸增大了 79 倍。

科学家最近为一些植物认祖归宗的研究主要依赖于同光合作用相关基因的分子标志，但这一招可能并不适用于大王花。研究人员只得尝试大王花基因组的其他部分，寻找相关线索。美国南伊利诺伊大学植物生物学家丹尼尔·尼克伦特也参加了此项研究。他表示，加深对大王花的了解有助于人们改变对开更大花、结更多果实的植物的认识，促进他们培育出更多此类植物。

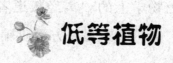

低等植物

藻类、菌类和地衣类植物合称低等植物。它们形态上无根、茎、叶分化，又称原植体植物；构造上一般无组织分化，有单细胞生殖器官，合子离开母体后发育，不形成胚，故又称无胚植物。

藻类植物

藻类植物含叶绿素或其他光合色素，独立生活。根据植物体的形态，细胞壁的组成物质，色素体的形态和主要色素的种类，繁殖方式以及贮藏物质等的不同分为 6 门。

（1）绿藻门：多生于淡水，少数生于海水，陆生者多分布于阴湿环境。植物体多种多样，有单细胞的，单细胞群体的，多细胞丝状体而不分枝的，多细胞丝状体而分枝的。此外还有膜状的或非细胞结构的。

（2）不等鞭毛藻门：生于淡水、土壤表面或土壤中。植物体的形态和组成与绿藻门相同。不等鞭毛藻的细胞壁通常是果胶质或含有硅质，丝状体者含纤维素。色素体盘状，含叶黄素比叶绿素多，故呈黄绿色。淀粉核1个，常裸露无淀粉包被或无淀粉核。贮藏物质是脂肪和麦白蛋白。多数种类每个细胞中只有1个细胞核。游动孢子有不等长的鞭毛有2条。

（3）硅藻门：生于淡水及海水中，一般是单细胞或单细胞的群体。硅藻的细胞壁由硅质和果胶质组成，果胶层常相黏结，形成群体。壁分两瓣套合，盖合的一瓣称为上壳，被盖合的一瓣称为下壳，瓣的上面称为瓣面，瓣面上有左右对称或辐射对称的花纹，两瓣的侧面，套合成双层的部分称为带面。有的硅藻，两瓣面的中部各有一条裂缝，称为脊，脊的两端和中央各有一环状增厚部分，称为节。细胞中仅含一细胞核。色素体的形状和数目随种类而不同，含叶黄素、胡萝卜素、叶绿素和藻黄素，故呈黄褐色、绿色或蓝色。

（4）褐藻门：多数生长于较寒冷的海水中。褐藻门植物体是藻类中分化最复杂和体形最大的种类。高级的种类体形上有类似根、茎、叶的分化形态，内部结构有同化、贮藏、机械和分生细胞的初步分化；低级的种类有分枝的丝状体或片状体。有时植物体上有或大或小的囊状物，里面贮有气体，所以称为气囊。褐藻主要含褐色的褐藻素，也含有叶黄素、胡萝卜素和叶绿素，故通常呈褐色。色素体的形状不规则，不含淀粉核。光合作用产物有单糖类和多糖类。游动孢子具不等长侧生的鞭毛有2条。

（5）红藻门：生长于海水中，其植物的外形和内部构造似褐藻，也有类似的分化，但植物体较小。同一植物有三种植物体：孢子体、雌配子体和雄配子体，三种植物体在外形上没有什么区别。

红藻主要含有藻红素和叶绿素，也含有藻蓝素、胡萝卜素和叶黄素，因而很多种类呈红色。光合产物为红藻淀粉，一般散生在原生质里或呈颗粒状，无淀粉核，无着生鞭毛的游动孢子。

（6）蓝藻门：生于淡水、海水及陆地上，其植物体简单，最复杂的是没有分化的丝状体。不产生游动孢子。

蓝藻的细胞壁由纤维素层和果胶质层组成，果胶层很厚，常呈鞘状套于植物体表。核质集成一团而无核膜、色素散主在细胞质里，除了含叶绿素外，还含有蓝色的藻青素和少量的藻红素，故一般呈蓝绿色。光合作用产物有肝糖和多糖类。

菌类植物

菌类植物体的营养细胞内无叶绿素及其他光合色素，一般营寄生或腐生生活，也有兼营寄生和腐生的种类。寄生就是从活的有机体中获得营养物质，腐生就是从有机体的残骸上获得营养物质。

菌类植物共分3门：细菌门、粘菌门和真菌门。

（1）细菌门：分布很广，是一群低等的、微小的单细胞植物，单独生存，有时成群体（菌落）存在，没有明显的细胞核。不含叶绿素，少数种类合有其他色素，大多营寄生或腐生生活。

（2）粘菌门：粘菌的营养体是裸露的原生质体，称为变形体。变形体通常是不规则的网状，直径大者可达数厘米，有灰色、黄色、红色或其他颜色，无叶绿素，内含多数细胞核。由于原生质的流动，因而能蠕行在附着物上，并能吞食固体食物。变形体也有感光作用，平时移向避光的一面，繁殖时移向光亮的地方。粘菌营养体的结构，行动和摄食方式与原生动物相似，其繁殖方式又与植物相同，因此粘菌兼有动物和植物的特性。除少数寄生在种子植物上外，其余都是腐生。

（3）真菌门：多数种类营养体的构造为分枝或不分枝的丝状体，每一条丝称为菌丝，组成一个植物体所有的菌丝称为菌丝体。高级的种类菌丝体在有性繁殖时形成各种子实体，如常见的银耳、菌灵芝、蘑菇等都是子实体。

地衣类植物

地衣类植物只有 1 门：地衣门。

地衣门是植物界中最特殊的类型，是菌类和藻类的共生体。共生体由藻类光合作用制造营养物质供给全体，而菌类主要吸收水分和无机盐。植物体主要由菌丝体组成，以子囊菌最多；藻类多分布在表面以下的一至数层，以绿藻或蓝藻为多。

多变的叶形和叶色

叶子的形状多种多样，桃树叶是披针形，樱桃叶是椭圆形，马齿苋是匙状，椴树叶是心状。禾科作物，如玉米、高粱、水稻等的叶子都是线条状。松叶像针，柏叶像鳞，柳叶像眉毛，芭蕉叶像面旗。田旋花的叶像戟，新西兰亚麻叶似剑，灯芯

枫叶

草叶像锥，藜的叶子像长梭，而棕榈叶却像扇。葡萄叶茎部深深凹陷，蒲公英叶子有如莲座。有的叶子裂得简直像个手掌，有的叶子干脆变成了卷须。

叶子不仅形状不一，一个叶柄上长出的叶数也不同。只长一片叶的叫单叶，长两片、三片、五片叶的叫复叶。各种叶子在茎秆上的着生位置有三种：有的相对而立，有的交错生长，有的围着茎节长了一轮。

除此之外，叶片的附属物也千变万化。欧洲白杨的叶柄很长，而有些亚麻科植物竟然没长叶柄。刺苍耳在叶片基部有三

个无色坚硬的刺,莴苣属在叶背主脉上却有直而锐利的刚毛,蓼有叶鞘。禾本科有叶舌,叶舌使得叶向外弯,可以使叶片更好地接受阳光,这对植物生长有重大意义。禾本科因为有叶舌就把没叶舌的莎草科植物挤到沼泽地里去了。

在沼泽地和沙漠里生长的植物叶子变化最大,这是进化过程中,植物中的某些科适应了生存环境的结果。水生的泽泻科植物,一株上就有三种形态的叶。慈姑的水下叶好似一条带子,没有叶柄;在水面上漂浮着的叶子,却形如肾状;伸出水上的叶,大型的有如箭,还长着叶柄。旱地植物叶的主要特征是叶子变成鳞片,或者变成不能蒸腾的针刺状。

叶子大小也不一样,热带棕榈科植物的叶面积非常大,亚马逊棕榈的叶,长达 22 米,宽 12 米;酒棕榈的叶子长达 15 米。热带水生植物王莲的叶子,好像一个巨大的绿色的锅,它的表面可以托住一个两三岁的孩子。最小的柏树叶只有针那样大。

松树叶

叶子的颜色同叶形一样也是有着很大变化的。

大多数叶子是绿色,但也有其他颜色。譬如,红苋菜的叶子是红的,秋海棠的叶子是紫红色的,莴苣属的叶子是浅蓝绿色的,旱地的盐木属叶是浅灰色的。许多住在海底的植物，如海带、紫菜常常是褐色的。

每当白露横江、秋凉侵人之时，北京西山红叶与朝霞争美，有的红透鲜艳如血，有的发黄微闪金辉。黄栌、枫香、乌桕、枫树、水杉、柿子树，尽染层林。这是因为秋天气温下降，叶绿素在叶中很快消失，黄色素与花青素就显露出来的缘故。

地下苹果——马铃薯

1785 年，法国闹粮荒。一位名叫法尔孟契那的药剂师把马铃薯引种到法国，想以此来解决饥荒问题。但当时许多法国人以为它有毒，不愿栽种。于是国王路易十六就让皇后把马铃薯的花插在头上作装饰；在皇宫花园里也栽种马铃薯。霎时间，栽种马铃薯风靡全国，马铃薯花竟成了最时髦、最高贵的标志，马铃薯也因此得到了一个漂亮的名字——地下苹果。

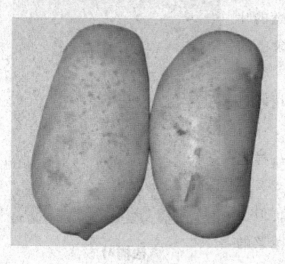

马铃薯

马铃薯原产于南美洲的安第斯山区和智利的沿海山地。从前，印第安人把它作为主要食物，还给它起名叫"爸爸"。1536年，西班牙水手把马铃薯从秘鲁引种到欧洲；1565年传到英国爱尔兰，成为当地的主要粮食作物之一；17世纪传入中国。

马铃薯是茄科多年生草本植物，但作一年生栽培。地上茎稍带三角形，有毛，叶为互生的奇数羽状复叶，花有白、紫、粉红等颜色，我们平时所吃的马铃薯是它的地下块茎，而不是根。

马铃薯性喜寒冷和高燥，在高温季节栽种，容易染病毒而退化。我国东北黑龙江一带，气候寒冷，与原产地条件相近，所以生长良好，产量很高。马铃薯发芽时，在芽的周围产生有毒的龙葵素，不能食用。它的皮含有叶绿素，暴露在阳光下会进行光合作用，影响品质。

据测定，马铃薯的营养价值是胡萝卜的两倍、大白菜的三倍、西红柿的四倍。特别是维生素C的含量十分丰富。

欧洲许多地区把马铃薯当作主食，有"第三面包"之称。马铃薯还被称为"万能作物"。它可制淀粉、酒精、糊精、葡萄糖，也可制造橡胶、电影胶片、人造丝、香水等数十种工业品。

近年来，人类在马铃薯品种培育方面有了新的突破。匈牙利育种家花了20年时间，育成了生吃的马铃薯品种，它蛋白质含量高，营养价值不低于牛肉，而且不用煮，不用炒，去皮就可吃。罗马尼亚育种家成功地培育出高产马铃薯，人们特地为他建立了一座马铃薯纪念碑，表彰他对人类所作出的杰出贡献。

独木成林

榕树是桑科榕属植物的总称，全世界已知有 800 多种，主要分布在热带地区，尤以热带雨林最为集中。我国榕树属植物约 100 种，其中云南分布 67 种，西双版纳有 44 种，占我国已知榕树总数的 44.9%，占全世界的 5.5%。

在热带和亚热带地区，一片茂密的森林可由一株巨大的榕树形成，树身周围许多粗细不等的树干纵横交错，共同支撑着巨大的树冠，苍苍莽莽，浓荫蔽日，谁也分不清哪是主干哪是支干了，简直是一片大森林。

在孟加拉国的杰索尔地区，有一片闻名世界的榕树独木林。这棵大榕树，据推测已有 900 多岁，6000 多根树干亭亭玉立，树高约 40 米，树冠巨大，投影面积近万平方米之多。据说，过去曾有一支六七千人的军队在这棵大榕树下乘过凉。

榕树为什么能"独木成林"呢？榕树生活在高温多雨的热带、亚热带地区，枝叶繁茂终年常绿。它的树干长了许许多多的不定根，有的悬持半空，有的已插入土中。这些不定根刚刚形成时，由于它们都在空中，因此也叫气生根。榕树的气生根有粗有细，粗的如水桶，细的似手指。新长出的气生根较细，以后越长越粗，形成一根根很粗很粗的树干。

那些扎入土里的气生根共同支撑着巨大的树冠，一棵大榕树的气生根，少则百条，多达千条。这些能支持树冠的气生根，人们也叫它支持根。

一棵榕树由小树长成大树，随着气生根的增多，从土壤中吸收的养料也越来越多，树冠也越长越大。因此，几百年的大榕树变成了一片大森林。

榕树除了具有特殊的气生根以外，还有露出地面的巨大板状根，每棵大榕树，一般都有 3～4 米高的板状根。

热带生长的榕树，一般都非常高大，可以达到 20～30 米，树干直径可达十几米。

榕树的用途很广，它是很好的蔽荫、风景、防风树种，它在绿化环境和美化人民的生活方面，也有很大的贡献。

我国广东、广西、福建、台湾、浙江一带，大街小巷，田间、路旁，遍植榕树，树冠一般均可覆地数十至数百平方米，给在酷暑中煎熬的人们带来凉意。福建福州市的榕树特别多，所以福州市又有"榕城"之称。

 ## 杜鹃花为什么有"花中西施"美称

杜鹃花是我国三大天然名花之一，诗人白居易有诗写道："闲折二枝持在手，细看不似人间有。花中此物是西施，芙蓉芍药皆嫫母。"可谓是对杜鹃花的最高赞誉。所以，杜鹃花又有"花中西施"的美誉。

杜鹃花，又叫映山红。是那如火如荼的红花，把整个山都映红了，就像霞光洒落，又像羞红了脸的小女孩。杜鹃花除了

杜鹃

红色的外，还有多种颜色，五光十色。花开的时候：红的，殷红似火，热情奔放；白的，就像晶莹的雪花，纯洁无瑕；红中带白，粉红的芯就像女子，白色的边就像洁白的纱；黄的，黄金灿灿；紫的，有如宝石。有像浓妆艳服，丹唇皓齿，像青春少女招摇过市；有似淡著缟素，谦谨大方，像成熟少妇；有芬芳沁人，像少女怀春。体态多样，风姿万千，真是回看桃李都无色，映得芙蓉不是花。

相传，古代的蜀国是一个和平富庶的国家。那里土地肥沃，物产丰盛，人们丰衣足食，无忧无虑，生活得十分幸福。

可是，无忧无虑的富足生活，使人们慢慢地懒惰起来。他们一天到晚，醉生梦死，纵情享乐，有时搞得连播种的时间都忘记了。

相传，蜀国的皇帝，名叫杜宇。他是一个非常负责而且勤勉的君王，很爱他的百姓。看到人们乐而忘忧，他心急如焚。为了不误农时，每到春播时节，他就四处奔走，催促人们赶快播种，把握春光。

可是，如此的年复一年，反而使人们养成了习惯，杜宇不来就不播种了。

终于，杜宇积劳成疾，告别了他的百姓，可是他对百姓还是难以忘怀。他的灵魂化为一只小鸟，每到春天，就四处飞翔，发出声声的啼叫：快快布谷，快快布谷。直叫得嘴里流出鲜血，鲜红的血滴洒落在漫山遍野，化成一朵朵美丽的鲜花。

人们被感动了，他们开始学习他们的好国君杜宇，变得勤勉和负责。他们把那小鸟叫做杜鹃鸟，把那些鲜血化成的花叫做杜鹃花。

 # 发芽最快的种子

梭梭树是征服沙漠的先锋。盛夏的中午，烈日炎炎，无边无际的戈壁大沙漠被烤得滚烫，这时只有迎着热风顽强挺立的梭梭树丛，给沙漠带来了生命的活力。

梭梭树能在自然条件严酷的沙漠上生长繁殖，迅速蔓延成片，这与它具有适应沙漠干旱环境的本领是分不开的。

梭梭树的种子是世界上寿命最短的种子，它仅能活几小时。但是它的生命力很强，只要得到一点水，在两三小时内就会生根发芽，这是世界上发芽最快的植物。只有这样，才能适应沙漠干旱的严酷环境。

复椰子种子的发芽时间很长，在合适条件下，要两年之久。常见的稻、麦、棉等种子，发芽的时间也得论天算。能在两三小时内发芽的种子，世界上只有梭梭树的种子了。

梭梭树还有一个重要的贡献，就是它培育了世界上著名的中药材——肉苁蓉。肉苁蓉素有沙漠人参的美誉，是一种稀有

的寄生植物，其寄主为多年生沙漠植物——梭梭。梭梭根系深密，极耐旱耐风沙，成片生长，其根系有天然寄生物肉苁蓉，但产量很少，产地仅限于内蒙古少数沙漠地区，其中，内蒙古阿拉善地区的产量占全世界产量的80％以上。引人注目的是，梭梭树素有"沙漠之王"称号，牧民称"梭梭树活一百年，因干旱旱死一百年，有雨水又可活一百年"。因而梭梭树一直是阿拉善地区固沙防风、保护植被、维系生态的基本屏障。

而梭梭树的寄生植物肉苁蓉生长在20℃和零下50℃罕见的干旱沙漠地带，且数十年不出地面能够存活，所以有超干旱生"植物之王"的美称。十分恶劣的存活环境，造就了肉苁蓉卓越的医药功效，它含有丰富的生物碱，结晶性的中性物质、氨基酸、微量元素、维生素等，它含有的苯丙醇糖甙更是其他药物所没有的，也是延缓衰老最有效的成分。肉苁蓉对人体下脑垂体、性腺、胸腺、在组织学、组织化学、超微结构等方面的老化，有明显的延缓作用。

《本草纲目》认为："肉苁蓉，养命门，滋肾气，补精血之药也……"十多年前，日本专家从肉苁蓉中发现"养命因子"（该因子能在24小时内将肾细胞的增殖速度提高6倍）后，日本开始大量收购阿拉善肉苁蓉，直接造成了肉苁蓉资源过量、破坏性采挖，使肉苁蓉产量面临枯竭，产地生态破坏严重。为此，国家中药管理局曾下发紧急通知，将肉苁蓉列为限制出口的国家一级中药资源。

日本提出肉苁蓉总甙——"养命因子"，作为应激性机能障碍的改善和治疗剂，应用于性机能障碍和健忘症，可预防心血管疾病。苯乙醇甙类提取物活性功能，可治疗障碍性老年痴呆症，肉苁蓉中该物质的含量高于美国著名的松果菊的含量。

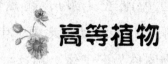

高等植物

　　苔藓植物、蕨类植物和种子植物合称高等植物。它们形态上有根、茎、叶分化，又称茎叶体植物；构造上有组织分化，多细胞生殖器官，合子在母体内发育成胚，故又称有胚植物。

苔藓植物门

　　苔藓植物门通常分为苔纲和藓纲两纲，种类约 23000 种，遍布世界各地，多数生长在阴湿的环境中，如林下土壤表面、树木枝干上、沼泽地带和水溪旁、墙角背阴处等，尤以森林地区生长繁茂，常聚集成片。我国约有2800 种苔藓植物。

苔藓

　　苔藓植物体矮小，一般高仅数厘米，虽有根、茎、叶的分化，但其根是由单细胞或多细胞构成的假根，茎与叶分化虽明显，仅有输导细胞的分化，而无维管束及中柱。其生活周期中配子体占优势。有性世代的植物体称为配子体，就是我们所见的具有假根、茎、叶的植物体。在配子体上形成藏卵器或藏精器，在藏卵器中产生雌配子（卵），在藏精器中产生雄配子（精子），精子具有鞭毛，能游动于水中。由于此时期的植物体产生配子，因此植物体称为配子体，称这一世代为有性世代。

无性世代的孢子体由受精卵经胚发育而成。孢子体由孢蒴、蒴柄及足三部分组成，足伸入配子体中吸收营养物质，蒴柄连结足与孢蒴部分起支持作用，孢蒴内由孢子母细胞经减数分裂和一次普通分裂形成孢子。由于无性世代的植物体产生孢子，故称为孢子体，孢子落入土壤中萌发成原丝体再长成新的配子体。

蕨类植物门

蕨类植物大多为土生、石生或附生，少数为湿生或水生。它们喜阴湿、温暖的环境，高山、平原、森林、草地、溪沟、岩隙和沼泽中，都有蕨类植物生活，尤以热带、亚热带地区种类繁多。现存蕨类植物 12000 种，广泛分布在世界各地。我国约有 2400 种，主要分布在长江以南的各省区。

蕨类植物的生活对外界环境条件的反应具有高度的敏感性，不少种类可作为指示植物。如卷柏、石韦、铁线蕨是钙质土的指示植物，狗脊、芒萁、石松等是酸性土的指示植物，桫椤与地耳蕨属的生长指示热带和亚热带的气候。蕨类植物枝叶青翠，形态奇特优雅，常在庭院、温室栽培或制作成盆景，具有较高的观赏价值。

种子植物门

种子植物门是植物界中进化最好和最繁茂的类群。具有更为发达的孢子体，以种子繁殖。植物类型有乔木、灌木、木质藤本、草本等，根、茎和叶都很发达。其内部构造有更完善的输导束，由管胞演化成导管，由筛细胞演化成筛管并具有伴胞，中柱为真正中柱或散生中柱。

种子是裸子植物和被子植物特有的繁殖体，它由胚珠经过传粉受精形成。种子一般由种皮、胚和胚乳三部分组成，有的植物成熟的种子只有种皮和胚两部分。种子的形成使幼小的孢子体枣胚得到母体的保护，并像哺乳动物的胎儿那样得到充足的养料。种子还有种种适于传播或抵抗不良条件的结构，为植物的种族延续创造了良好的条件。所以在植物的系统发育过程中，种子植物能够代替蕨类植物取得优势地位。它们的种子与人类生活关系密切，除日常生活必需的粮、油、棉外，一些药用物（如杏仁）、调味（如胡椒）、饮料（如咖啡、可可）等都来自种子。

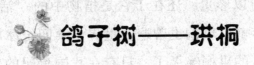 鸽子树——珙桐

瑞士名城日内瓦的一些庭院内，常栽一种鸽子树，花如白鸽展翅，象征和平。原来这是从中国引种的珙桐。

珙桐是落叶乔木，树高约 15～20 米。叶片广卵形，初夏

珙桐

开花，花形奇特，苞叶呈乳白色，成对地长在花序的基部，恰似白鸽的双翼。苞叶里面托着圆球形的头状花序，它是由许多雄花簇拥着一朵雌花形成的，花色紫红，酷似鸽头。繁花时节，很像无数只白鸽落满枝头，风吹花舞，姿态动人。

第一位见到珙桐的欧洲人是一位法国神父，1896年他在四川穆坪看到盛花的珙桐，不禁被那一群可爱的白鸽迷住了。后来首先被引种到英国，逐渐成为世界闻名的观赏树木。外国人称它为"中国的鸽子树"。

珙桐的果实像杏那么大，为核果，椭圆形或卵圆形，紫绿色，含油量达20%，是很好的工业原料。珙桐是珙桐属中的独苗，与能提炼抗癌药物的喜树是同科。

珙桐之所以珍贵，还在于它是植物中的"活化石"之一。早在一百万年前，珙桐也曾遍及世界，第四纪冰期的到来，使绝大多数地区的珙桐绝灭了，只有在我国贵州的梵净山、湖北的神农架、四川的峨眉山等山区中幸存的小片天然林木，繁衍至今。它们大都长在1200~2500米的山地，有些百年以上的古树高达30米，直径1米多。为了保护这稀有国宝，国家已把珙桐列为一类保护植物，并建立了专门自然保护区。

含维生素 C 最多的蔬菜

辣椒营养价值很高，堪称"蔬菜之冠"。据分析，它含有维生素 B、维生素 C、蛋白质、胡萝卜素、铁、磷、钙，以及糖等成分。每公斤辣椒中含维生素 C 约 1050 毫克，比茄子多 35 倍，比西红柿多 9 倍，比大白菜多 3 倍，比白萝卜多 2 倍，是含维生素 C 最多的蔬菜。

辣椒草本。单叶互生，灭托叶。花两性，辐射对称，花冠合瓣，属茄科植物，原产于南美洲，现我国大地区均有栽培。辣椒富含维生素 C，胡萝卜素，含蛋白质，糖类，矿物质

辣椒

（钙、磷、铁、硒、钴），色素（隐黄素、辣椒红素、微量辣椒玉红素），龙葵素，脂肪油，树脂，挥发油，辣味成分（辣椒碱、二氢辣椒碱、高辣椒碱）等。辣椒性味辛辣热。具有温中健胃，杀虫功效，主治胃寒食饮不振，消化不良，风湿腰痛，腮腺炎，多发性疔肿等症。辣椒素也是一种潜在的抗癌物质和抗氧化剂。

鲜尖辣椒既可作为蔬菜生食、炒食。在冬季里，用以炒辣白菜、辣豆、炸辣酱或做回锅肉等，都是人们喜欢和习惯吃的。如制成辣椒粉、辣椒末、辣椒油，还可供常年食用，是我国各地人民都非常喜爱的调味品和蔬菜。

辣椒在我国东南沿海被叫做番椒，在四川等地则被称作辣子、辣茄、辣虎等。辣椒的果实通常为圆锥形、圆形、扁圆或长圆形，未成熟时浓绿光亮，成熟后变成鲜艳的红色、黄色或紫色，以红色最常见。通常分为 5 个变种，即樱桃椒、圆锥椒、簇生椒、牛角椒和甜柿椒。从它们的名称很容易看出，变种的区分，在很大程度上是以果实的形态和着生方式为依据的。辣椒的果实因果皮和胎座组织含有辣椒素而有辣味，但也有仅含微量或不含辣味素的甜椒（也叫灯笼椒、柿子椒）。它们是我们日常生活中多种维生素的重要来源。用于调味的干辣椒含有丰富的维生素 A，而新鲜的甜椒则含有丰富的维生素 C（抗坏血酸）。

经常吃辣椒的人都知道，食用辣椒有助消化增食欲的功效。食用的方法多种多样，没有成熟的嫩果可去子油炒或盐醃作为菜肴食用，成熟后的果实可用来拌盐醋、瓶藏、分装罐头的食品，作为防腐剂兼辛辣剂。也可加工成辣椒油、辣椒酱和辣椒粉当调味品。辣椒是当今世界一种很受欢迎的作物，在温带和热带地区被大规模栽培。在温带地区，辣椒作为一年生草本作物种植，但在热带和温室栽培则为多年生灌木。从北非经阿拉伯、中亚至东南亚各国和我国西南、西北、华中是世界有名的"辣带"。辣椒的驯化，被认为是其原产地对世界调味品最重要的贡献。

辣椒原产中南美洲热带地区。野生的辣椒普遍分布于热带低洼地区和东南亚乃至我国西南的热带地区。我国发现野生辣椒较晚，大约在20世纪70年代人们才在云南西双版纳原始森林中发现有野生型的小米椒。野生辣椒是古代印第安人重要的补充食物。直到当代，还有一些印第安人采集野生辣椒，拿到市场上出售。辣椒大约在公元前2000年就开始在南美秘鲁的一些地方被栽培。不过，因为这是一种当地印第安人普遍喜欢的食物，因此，它的驯化很可能是由不同地区的人们分别栽培不同的野生变种同时进行的；当然，也可能是某个变种首先在一个地方开始栽培后，在推广的过程中，使其他的野生变种也成为尝试栽培的对象，因而出现了多个栽培变种。

一般而言，野生辣椒的果实为红色，比较小而直立（也就是朝天椒或小米椒那种样子），还很容易脱落。经过人们长期育种选择之后，栽培种的果实都变得比较大，因此大部分品种的果实下垂，颜色也由原先的单一红色，变成多种多样，杂彩纷呈，而且不容易脱落。辣椒是印第安人非常重要的作物，其重要性仅次于作为粮食作物中的玉米和木薯。可能出于这样一种原因，在印第安文化中，辣椒在宗教仪式和传奇文学中占有重要的地位。

15世纪末，哥伦布在航行美洲时把辣椒带回欧洲，这种辛辣的作物很快受到人们的欢迎。其后它又从欧洲传到其他地方。在明代晚期（16世纪末）辣椒开始传入我国。与番薯（甘薯）传入的年代差不多，估计也是由华侨从东南亚带回国的。由于辣椒容易栽培而且高产，不久就被当作重要的香辛蔬菜在全国普遍栽培。吴其濬在《植物名实图考》（1848）一书中已经记载此种蔬菜是"处处有之"。在华中、西北和西南的一些省份如江西、两湖、四川、云南、贵州和陕西以及甘肃等尤其受欢迎，那些地方的人民大有每餐不可无此物之感，因之栽培极多。

如今我国辣椒的总产量已居世界之首，年产量达 2800 多万吨，约为世界辣椒产量的 46％，同时每年还以 9％的速度增长。各种类型的栽培品种繁多。其中以云南思茅等地产的一种涮辣椒（小米椒）最辣。而不辣的甜柿椒传入我国最晚，至今只有 100 多年的历史。

由于辣椒叶绿果红，非常美观，所以从传入我国之日起就被当作观赏植物。无论是明末高濂的《遵生八笺》和《草花谱》，还是清初的其园林专著《花镜》都是将它作为观赏植物记述的。近年来除上述两种小辣椒被人们作为观赏植物栽培外，还有其他果实大型的种类，甚至甜柿椒也被培育成非常美丽的观赏植物。观赏栽培的品种不断增多，目前著称的栽培种有樱桃椒、枣形椒、七姐妹椒、小米粒椒、黑色指天椒、黄线椒、蛇形椒、风铃椒，以及红太阳、贵宾橙色、黄金、白雪紫玉、紫宝石等彩椒。

含维生素 C 最多的水果

维生素 C 含量高的水果（每份在 20 毫克以上）有罗马甜瓜、葡萄、柚子、柠檬、酸橙、橘子、木瓜、菠萝、草莓、柑橘等；含量中等的（每份5～20毫克）有杏子、香蕉、樱桃、芒果、桃、柿子、西瓜等；含量低的（每份在5毫克以下）有苹果、山葡萄、梨、杨梅、南瓜等。

有些不吃素菜、专挑荤菜吃的人，常会出现口臭、牙龈出血等症状，严重者会患上贫血、气管炎等疾病。这主要是缺乏维生素C所引起的。维生素C能提高人体抵抗各种疾病的免疫力，是维持人体正常机能所不可缺少的营养物质。

刺梨

人体内的维生素C，主要是从新鲜蔬菜和水果中获得。由于维生素C在人体内不能储存，所以我们每天都需要吃适量的蔬菜和水果。世界上含维生素C最多的植物是刺梨，据说每100克刺梨鲜果中维生素C含量为1.5克，是猕猴桃的10倍，甜橙的50倍，梨子、苹果的500倍。所以刺梨被誉为"维生素C之王"。

刺梨五月开花，六至八月成长，九月成熟。刺梨从刺球般的花萼膨胀成为青果，然后逐步变成一身金黄、亮绿或斑斓。

花开时，我们可以摘下刺梨花给姑娘戴上，密密的嫩刺正好做别针，牢牢地粘住头发。粉红或大红的刺梨花与美丽俊俏的脸蛋相互映衬，花美人更美。摘下嫩叶，夹在书里，把它制成标本，互生的叶片和顶叶组成了优美的曲线。

果熟时，把它摘下，刮掉芒刺，削掉果冠，咬破果实，掏尽籽粒，放进口里，一股清香沁人心脾。一嚼，清脆香甜。吃不完，带回家，一刀横切，把它放进糖水里腌后再吃，甜更厚重，香更悠长。吃刺梨也讲运气，有时你会得到一个独籽的，有时还会有无籽的，凡是这样的刺梨，肉特厚，味更纯。刺梨也不能以貌取之，有的表面像牛屎般的颜色，十分丑陋，但这样的刺梨更清香、脆爽、甘甜。如果要喝好酒，把它处理干净，蒸熟，晒干，放进酒里，浸泡半月。酒清香、凉爽、绵甜。刺梨不但清香爽口，维生素 C 的含量在植物果实中也是最高的，有人把它做成果汁上市。

刺梨好吃不好摘。去早了，刺梨还没熟透，还有青涩味；去晚了，好的又被别人摘走。刺梨树不高大，但很蓬松，要摘到中间的刺梨是很费劲的，你挤它，树枝上的刺会扎你，你掌握的位置不准确，刺梨上的刺也要扎你。为了吃到上好的刺梨，人们得做好准备：搬凳子、做夹子，拿钩子。

刺梨长在山边、路旁、坎沿，它是山的花裙、路的护栏、坎的花衣。它不高大，但十分蓬勃，须根很少，主根发达。如果你将它种活培育成盆景，那是十分珍贵的。树形蓬勃，主干沧桑、根茎强劲。

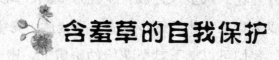

含羞草的自我保护

公园里有一种观赏植物，特别害怕有人碰它的身子，谁要是碰一下它的叶子，它就把叶合拢，甚至连叶柄都耷拉下来，宛如一个害羞的少女。因此，人们特别喜欢它，给它起名含羞草。

含羞草

含羞草茎秆纤细，上面长满了细毛。茎上生有掌状排列的羽状复叶，盆栽的一般只有30厘米左右，地栽的可达1米左右。有的直立，也有的蔓生。秋天一到，开出一朵朵淡红色的小花朵，很像一个个小红绒球。

含羞草为什么会产生这种奇妙的现象呢？在含羞草的小叶和复叶叶柄的茎部都有一个鼓起的东西，叫做叶枕，叶枕对刺激的反应最为敏感。叶枕中心有一个大的锥管囊，其周围充满了薄壁组织，细胞间隙较大。平时，叶枕细胞内含有较多的水分，细胞总是鼓鼓的，细胞的压力比较大，所以叶子平展。当你轻轻碰到它的小叶时，这个刺激立刻传导到小叶柄的基部，于是这个叶枕的上部薄壁组织里的细胞液便排到细胞间隙中。此时这个叶柄上半部细胞的膨压降低，而下半部薄壁细胞仍保持原状，维持原来的膨压，小叶片就向上合拢。如果小叶受到的刺激较强，或受到多次重复和刺激，这种刺激可以很快地传递到邻近的小叶，甚至传到整片复叶的小叶和复叶的叶柄基部。这时，复叶的叶柄基部叶枕下半部的细胞膨压降低，而上半部的细胞仍还是鼓鼓的，因此，整片叶子就低下了脑袋，而且叶子上的所有小叶都成对地合拢起来。

当含羞草含羞低头时，各叶枕里的排水变化可以用肉眼直接看出来。叶枕原来是淡灰绿色的，在受到震动以后，叶枕下部马上收缩，颜色忽然变成深绿，而且有些透明，很像一张纸被水湿润前后的颜色变化。

如果停止对含羞草的刺激，过了一段时间以后，原来疲软的叶枕细胞中又充满了细胞液，细胞的压力又恢复正常，于是，小叶子重新张开了，叶柄也挺了起来，一切恢复到原来的状态。恢复的时间一般为 5~10 分钟。但是，如果我们连续逗它，连续不断地刺激它的叶子，它就产生"厌烦"感，不再发生任何反应。这是因为连续的刺激使得叶枕细胞肉的细胞液流失了，不能及时得到补充。所以，它必须经过一定时间的"休息"以后才能再次接受刺激，发生反应。

科学研究表明，含羞草传达刺激的速度每分钟约为 10 厘米，通过茎可以传达到距离 50 厘米的叶柄和叶子。这种传递信息的速度在植物界是相当惊人的。根据实验可以用酸类激起它的运动，也可以用麻醉剂麻醉它的运动。

有趣的是，改用冰块接触它的小叶，或者把香烟的烟喷在叶片上，它都能发生同样的反应。如果用火柴的火焰从下面逐渐接近叶子，那些羽状的复叶也会合并起来。更奇怪的是，在气温较高的时候，它所产生的这些运动的速度也比较快。

另外，含羞草的运动跟天气变化也有关系。若在干燥的晴天，含羞草的反应就灵敏，叶子稍经触动就会马上合拢，叶柄也会下垂。若遇阴天空气潮湿，叶子对刺激的反应就不那么敏感了。根据这个特点，含羞草还可以用来预报晴雨天气。如果轻轻触动含羞草的小叶，发现叶片很快合拢，而且叶柄下垂，并且经过较长时间才恢复原状，你就可以发出"晴天"的预报。反之，假如触动它的小叶，反应失灵，叶片迟迟才能闭上，或者刚闭合又重新展开，你就可以得知"阴雨将到"。

含羞草的这种特殊本领对它的生长很有利。含羞草的老家在南美洲的巴西，那里经常发生狂风暴雨，如果含羞草不能在刚碰到第一滴雨点或第一阵狂风时就把叶子合拢起来，把叶柄低垂下去，那么，它那娇嫩的叶片和植株将会受到无情的摧残。所以，通过长期的生存斗争，含羞草形成了这一适应自然环境的特性，起到了避免暴雨侵袭的作用。另外，含羞草的运动也可以看做是一种自卫方式，动物稍一碰它，它就合拢叶子，动物也就不敢再吃它了。

含羞草在我国各地广为栽培，一般作为观赏植物，它也可以入药，有安神镇静、散瘀止痛、止血收敛等医疗功能。

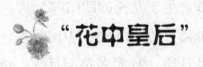

"花中皇后"

中国是月季的故乡，几乎无人不识月季花。它花期长，从2月到12月，都会陆续开花，因此民间叫它"月月红"。宋朝诗人杨诚斋有两句写月季的诗说："只道花无十日红，此花无日不春风"，道出了月季花期长的特点。

月季于17～18世纪从中国传入欧洲，引起了西方园艺家的重视与兴趣。经过与西方原有蔷薇属的植物反复杂交，产生

月季

了风靡世界的现代月季，品种更为优良和繁多，花有红、白、绿、黄、紫及洒金等色，品种达万种以上，享有"花中皇后"的盛誉。

月季的花朵硕大，花瓣鲜艳阔厚，经久不凋，含有清香，令人陶醉。它的适应性很强，凡公园、学校、名胜以及医院等处，都可用来美化环境，也可作为布置花坛、花带、花径、花篱、花墙以及盆栽、插花等的材料。现在世界各地都开辟有"月季园"，供人观赏。

月季是蔷薇科小灌木，但有的种类成蔓状或藤本状。枝叶都光滑无毛，但有皮刺。花以五为基数，而雄蕊数极多，数倍于五，雌蕊亦多数，生于花托的凹陷部。

月季按园艺分类可分为九类：中国月季、微型月季、十姊妹型月季、多花型月季、特大多花型月季、单花大型月季、藤本月季、树型月季、野生型月季等。其中十姊妹型最常见，一株可开花50朵以上，香味淡雅，四季常开。单花大型月季，以花型巨大为特色，每朵直径可达20厘米，花瓣丰满，色彩鲜艳，香味浓烈，最受欢迎。

世界人民对月季花喜爱备至，在世界各国的许多金属钱币、肩章、印章、徽章、旗帜、建筑上都有月季花的图案。月季花还是基督教的教花。我国的天津、西安、大连、郑州、威海、南昌、衡阳、常州、宜昌、焦作、商丘、平顶山等城市，都把月季作为市花。

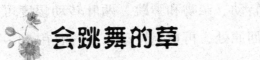

会跳舞的草

跳舞草也称情草、无风自动草、舞草，也有人戏称其为风流草，是一种多年生落叶灌木，野生，主要分布于我国四川、湖北、贵州、广西等地的深山老林之中。它树不像树，似草非草，地植高约 100 厘米，盆栽高约 50 厘米左右；茎呈圆柱状，光滑；各叶柄多为 3 叶片，顶生叶长 6 ~ 12 厘米，侧生一对小叶长 3 厘米左右。花期在 8 ~ 10 月，小花唇型、紫红色；荚果在 10 ~ 11 月成熟；种子呈黑绿色或灰色，种皮光滑具蜡质。跳舞草对外界环境变化的反应能力令人惊叹不已，如对它播放一首优美的抒情乐曲，它便宛如亭亭玉立的女子，舒展衫袖情意

跳舞草

绵绵地舞动；如果对它播放杂乱无章、怪腔怪调的歌曲或大声吵闹，它便"罢舞"，不动也不转，似乎显现出极为反感的"情绪"。

据科学家研究认为，跳舞草实际上是对一定频率和强度的声波极富感应性的植物，与温度和阳光有着直接的关系。当气温达到24℃以上，且在风和日丽的晴天，它的对对小叶便会自行交叉转动、亲吻和弹跳，两叶转动幅度可达180度以上，然后又弹回原处，再重复转动。当气温在28～34℃之间，或在闷热的阴天，或在雨过天晴时，纵观全株，数十双叶片时而如情人双双缠绵般紧紧拥抱，时而又像蜻蜓翩翩飞舞，使人眼花缭乱，给人以清新、美妙、神秘的感受。

当夜幕降临时，它又将叶片竖贴于枝干，紧紧依偎着，真是植物界罕见的风流草。此外，跳舞草还具有药用保健价值，全株均可入药，具有祛瘀生新、舒筋活络的功效，其叶可治骨折；枝茎泡酒服，能强壮筋骨，治疗风湿骨疼。

传说，古时候西双版纳有一位美丽善良的傣族农家少女，名叫多依，她天生酷爱舞蹈，且舞技超群。她常常在农闲之际巡回于各族村寨，为广大贫苦的老百姓表演舞蹈。身形优美、翩翩起舞的她好似林间泉边饮水嬉戏的金孔雀，又像田野上空自由飞翔的白仙鹤，观看她跳舞的人都不禁沉醉其间，忘记了烦恼，忘记了忧愁，忘记了痛苦，甚至忘记了自己。天长日久，多依名声渐起，声名远扬。后来，一个可恶的大土司带领众多家丁将多依强抢到他家，并要求多依每天为他跳舞。多依誓死不从，以死相抗，趁看守家丁不注意时逃出来，跳进澜沧江，自溺而亡。许多穷苦的老百姓自发组织起来打捞了多依的尸体，并为她举行了隆重的葬礼。后来，多依的坟上就长出了一种漂亮的小草，每当音乐响起，它就翩翩起舞，因此人们称它为"跳舞草"，并视之为多依的化身。

会"听"音乐的植物

动物具有听觉，对音乐有所反映是很易理解的。令人惊异的是，植物居然也能"欣赏"音乐。不仅如此，有时让它们欣赏音乐后还会产生奇妙的效果，促进这些植物的生长。

在西双版纳生长着一种会听音乐的树。当人们在树旁播放音乐，树的枝干就会随音乐的节奏而摇曳起动，树梢上的树枝树叶，则会像傣族少女在舞蹈中扭动肢腕一样，随音乐作180度的转动。音乐停止，小树如同一个有经验的舞人，立即停止舞蹈，静了下来。有人对这种"音乐树"作了细致观察：在播放轻音乐或抒情歌曲时，小树的舞蹈跳得越发起劲，音乐越优美动听，舞蹈越婀娜多姿；但当响亮的进行曲奏起，或是让小树听某种嘈杂或震耳的音响，小树的"舞蹈"马上会停下来。

对植物听音响所产生的效果，也有不少有趣的报道。据说，法国科学家曾作过如下的试验：通过耳机向正在生长中的番茄播放优美的轻音乐，每天播放三小时。欣赏音乐的番茄竟长到4千克之重，成了当年的"番茄大王"。不光是番茄，其他不少植物也似乎有音乐细胞。英国科学家用音乐刺激法，培育出了十几斤重的大卷心菜；苏联人用类似的办法种出了2.5千克重的萝卜、像足球那么大的甘薯和蓝球大小的蘑菇。1958年，我国有人用超声波音乐处理小麦、玉米、水稻和棉花，结果使小麦的种子出芽率、水稻出苗率都大大提高，各种作物的生长期则有所缩短，并增了产，棉花则提前吐絮。

这些事情听起来很神秘，不少试验结果还有待用科学方法进一步验证，但从科学上看，它们并非天方夜谭，而是有一定的理论依据的。

科学研究表明，音乐是一种有节奏的弹性机械波，它的能量在介质中传播时，还会产生一些化学效应和热效应。当音乐对植物细胞产生刺激后，会促使细胞内的养分受到声波振荡而分解，并让它们能在植物体内更有效地输送和吸收，这一切都有助于植物的生长发育并使它增产。我国一些科学家通过研究发现：在一般情况下，苹果树中的养料输送速度是每小时平均几厘米，而在和谐的钢琴曲刺激下，速度提高到了每小时一米以上。科学家还发现，适当的声波刺激会加速细胞的分裂，分裂快了自然就长得快，长得大。

不过任何事都有个限度，过强的声波不但无益反而有害，它会使植物细胞破裂以至坏死。噪声的破坏力当然更大，美国科学家曾作过某种对照实验，把 20 多种花卉均分成两组，分别放置在喧闹与幽静两种不同环境中，进行观察对比。结果表明，噪音的影响能使花卉的生长速度平均减慢 40% 左右。人们还发现这样的现象，在噪声强度为 140 分贝以上的喷气式飞机机场附近，农作物产量总是很低，有不少农作物甚至会枯萎，同样是这个道理。

许多人还指出摇滚乐对动植物有巨大危害，美国的科学家曾作过一些实验：在摇滚乐作用下，植物会枯萎下去，动物会渐渐丧失食欲。它对人的危害也相当厉害，不仅能导致人听力下降、精神萎靡或诱发出胃肠溃疡等疾病，甚至有人认为有些地区（如美国）青年人自杀率增高，闹事频繁，都与摇滚乐的风行有关。

　　而且更为有意思的是，植物也和人一样，喜欢听恭维话。在德国某个公司的科学家曾经做过有趣的试验，这个试验里的主人公是番茄。他把番茄分成两组种植，这两组番茄所用的土壤、水分、肥料等条件完全相同，而唯一的区别是甲组番茄每天受到"您好！""祝您长得壮实美好！"等热情问候，而乙组番茄却没有受到热情问候。结果甲组番茄长得非常茂盛，产量比乙组番茄高了22％，可见两组的区别有多大。

会捉虫子的植物

　　动物吃植物这很正常，植物也能吃动物吗？答案是肯定的。世界上有500多种会吃动物的植物，在植物界中组成了一个特殊的类群。这些食肉植物，主要以捕食昆虫为主。

　　在《长白山珍奇》这部科教影片中，我们就可看到这样一个有趣的镜头：一只小昆虫飞到花草丛中，落在茅膏菜的叶子上，顷刻之间，

茅膏菜

叶片上所有的腺毛几乎同时向内弯曲，将小生命紧紧缠住，可怜的小昆虫挣扎了一阵子，终于成了茅膏菜的盘中美餐。

影片中拍摄的茅膏菜就是一种能吃昆虫的植物，它是一种多年生的小草，有明显的茎，高约10～30厘米。叶片在茎上交互着生，有细柄，每片叶子呈半月形或球形，很小很小，宽只有2.5～4毫米，边缘长有密密层层的腺毛，共计200多条，每条腺毛的末端膨大成小球，紫红色，能分泌透明的黏液，并可放出奇异的香味，用来引诱昆虫。白天，阳光射来，这些紫红色的小球闪闪发亮，像一颗颗珍珠。这些腺毛就是茅膏菜的捕虫工具。

茅膏菜的捕虫方式可谓是灵活机动，如果其中一片叶子捕到了较大的猎物，邻近的叶子会前来相助，共同将猎物处死。如果一片叶子上落有两只昆虫，它就施展"分兵术"，其中一部分腺毛对付一只昆虫，而另一部分腺毛则去对付另一只昆虫，两只昆虫一只也跑不了。当它逮住昆虫以后，叶片上的很多无柄分泌腺立刻分泌消化液。这种消化液很像人的消化液，能消化肉类、脂肪、血以及小块的骨头，甚至硬似金属的牙齿珐琅质也能被消化掉。待小昆虫全部被消化掉以后，腺毛又可重新伸直。

茅膏菜属于茅膏菜科，这种捕虫小草，到了开花季节，可以开出小小的白花。它分布在热带、亚热带和澳大利亚。我国华东、中南及西南各省区都有茅膏菜生长。它经常生长在山坡草甸中或林边，茅膏菜的球茎及全草均可入药，内服能清热解毒、利湿，外用能活血消肿、散结止痛。主治感冒发热，咽喉肿痛，痢疾；外治瘰疬，跌打损伤，风湿痛等症。

跟茅膏菜捕虫方式相同的还有一种叫毛毡苔的植物，它也属于茅膏菜科。毛毡苔也是多年生草本植物，叶全从基部长出，成莲座状，叶柄细长，叶片近圆形，生满红紫色腺毛，分泌黏液，用以捕食小虫。当小虫落到叶面时，腺毛就自动包围小虫，并分泌黏液，消化虫体吸收为养料。毛毡苔对落在它叶子上的东西，有很强的鉴别能力。如果不是它要"吃"的东西，它决不会理睬。例如，它对人们故意放在它叶子上的砂粒无动于衷。毛毡苔也开白花，常生长在山谷溪边或池沼地带湿草甸中，这种植物分布于亚洲、欧洲及北美洲，我国也有分布。

猪笼草

在葡萄牙、西班牙和摩洛哥等国，也有一种食虫植物，名叫露叶花，是一种草本植物，也属于茅膏菜科。这种草的茎高约20~30厘米，茎上一般无叶，上部生出稀疏的两三朵花，花下有苞片，花有梗。花形有点像梅花，五瓣整齐，雄蕊有数十个。叶全基生、簇生（丛生），长带状，先端渐尖形。这种草奇特的地方是全身（不论茎和叶）都有腺毛。它的腺毛极为特殊，有两种毛，一种腺毛有柄，叫做粘毛，能

分泌黏液，黏液极粘，好像化学糨糊一样；另一种腺毛无柄，能分泌一种消化液，能消化含氮物质。奇怪的是液面有一道沟，叶片能内卷，而这些粘毛分泌液充满沟中。毛本身又呈现出美丽的红色或紫色。当昆虫飞到叶上时，即被带柄的腺毛粘住不得脱身，几经挣扎终难逃脱而死，虫体被无柄腺毛的分泌液消化吸收。有人做过试验，将蛋白或小肉片等物放在叶面沟中，不消几小时，就消化吸收许多。这时需要间歇一些时间，又再分泌消化液重新进行工作。

露叶花叶片长如带子，不同于其他种类，在葡萄牙，居民利用这个特点将它挂在门前、窗前，夏天许多蚊蝇都被粘住而死，是天然的除蝇器。

其他的食虫植物还有很多，仅茅膏菜科就有 4 属约 100 多种，其中以茅膏菜属最多，约 100 种，它们都是叶子有粘毛，腺毛能捉小虫的植物；它们的叶形变化大，有的种类叶子较短，有的种类叶子较长，甚至长如线形。另外，还有一种叫孔雀捕蝇草的，这种植物是 18 世纪中叶在美洲的森林沼泽地内发现的，因为长得美丽，花葶上部有许多较大的白色花朵，故叫孔雀捕蝇草。它下部的叶根生，长形、绿色，沿中脉分为两部分，上部呈蚌壳形，边缘有约 20 个细长的尖齿，叶片中间每半叶片生出三根有感觉的刚毛，叶片上还有小颗粒，形似珍珠宝石，呈绛红色。由于色彩美，能吸引昆虫来访，昆虫一旦停在叶上，触及叶片的刚毛时，叶片上部带齿部分即猛然对扣合拢，于是虫子再也跑不掉了，此时，叶片分泌消化液，将虫体消化。过几天后，叶片再打开，等待捕获新猎物。

还有一种多年生水生漂浮食虫植物叫貉藻，到了冬季，梢头紧缩成球而越年，茎长 6~10 厘米，有 1~4 条分枝，叶 6~9 片轮生，叶片以中脉为轴，两边互相紧合，包裹水里的硅藻或甲壳动物，并分泌消化液（为蛋白质分解酶）将食物吸收。貉藻分布于我国黑龙江省，在亚洲其他地区和欧洲也有，它们多生在沼泽和水田中。

狸藻也是一种水生食虫植物，为一年生的沉水草本植物，秋季，花茎伸出水面，上开 3~6 朵小花，花冠唇形、黄色。它的根很不发达，茎细长，有 1~4 条分枝，叶 6~9 枚，轮生，羽状复叶，分裂为无数丝状的裂片。裂片基部生有球状小口袋，用来捕食微小生物，叫捕虫囊，这种小口袋很像南方渔民捕捉鱼虾时用的鱼篓子，有一个开口，入口处有一个只能向里开的盖子，水中游动着的小虫子，如果碰到袋口的盖子，盖子立刻自动向内打开，于是，小虫就顺着水流流进了口袋。可怜的小虫子进去之后就再也出不来了，成了狸藻的食物。如果猎物较大，不能全部进入捕虫袋，它就只吞食其头部或尾部。有时一个捕虫袋吞食虫子的头部，而另一个捕虫袋吞食虫子的尾部，分而食之。不过，狸藻不能分泌消化液，只有等到被捕的小虫子死去之后，烂掉了，才能吸收其中的营养物质。

狸藻分布于东亚及东南亚各地，我国各地都有分布。它通常生活在水稻田、池沼、水塘中。

狸藻属是食虫植物中最大的一个属，该属植物约有 275 种，我国约有 17 种。狸藻属的植物大多是水生的，但也有一些陆生种类。如南美森林中的一种陆生狸藻，就生长在枯枝落叶上。还有一些狸藻，专门依靠苔藓生长。这些陆生狸藻专门捕食空气中的微小生物。

还有一种开蓝紫花的捕虫堇，也属于狸藻科。它的叶椭圆形，丛生，尖端向外弯曲，边缘内卷，叶面上分泌分别负责黏液和消化液的两种腺体。当昆虫落在叶面时，就被叶面上的有柄腺体分泌的黏液粘住，叶缘迅速内卷，将猎物包住。无柄腺体分泌消化液将昆虫慢慢消化。美国、加拿大、俄罗斯、瑞典和丹麦都有这种捕虫植物。

瓶子草科中全部都是食虫植物。其中种类较多的是瓶子草属，有7种，著名的食虫植物有3种，它们是：紫红瓶子草、斑孔瓶子草和裂盖瓶子草。紫红瓶子草在北美很多，被誉为纽芬兰州的"州花"。它那瓶子状的叶（像猪笼草一样）呈紫红色，花葶上出一花，也是紫红色的。开花期为5月下旬~7月。瓶状叶的下部有水状液，实际是消化液，瓶状叶内壁光滑有蜜腺，有倒刺毛，当虫子被蜜所引而不慎陷入瓶底，就无法再出来了。虫子被淹死并被消化液所消化，被瓶状叶吸收为营养。"瓶子"里的水是根部吸收来贮存的。其他两种只是瓶子形状变长了，好像管状的，其捉虫办法与紫红瓶子草差不多。

眼镜蛇状瓶子草名符其实，因为它的管状叶顶部似眼镜蛇头部，管状叶延伸出两个舌状的附属物似蛇舌。这种瓶子草的管状叶也有液体，捉虫消化均与前几种相似。由于形态特殊，故单有一属而不属于瓶子草属。

另外还有一科，叫做澳洲瓶子草科，仅一属一种，叫做澳洲瓶子草，产于澳大利亚西部。它有两种叶子，一种为瓶子形状的，可以捕虫，方法与前述诸种瓶子草相似。另一种叶子片状，即为普通叶子，绿色，可进行光合作用。因此，它是独立营生，捕虫加餐补充蛋白质类的营养。它的花较小、较多，集生于花葶的上段。

在食虫植物中，大家最熟悉的要算是猪笼科的猪笼草了。这种植物大多数生长在印度洋群岛，马达加斯加、斯里兰卡、印度尼西亚等热带森林里，我国广东南部及云南等省也有分布。

还有一类非常古怪的捕虫植物，它们的种子在发芽期间能分泌黏液。美国杜莱恩大学的巴伯博士曾经注意到蚊子幼虫被吸收到荠菜种子的黏液里给粘住的情况。这些蚊子幼虫一旦被捕，就无法逃脱，不久便会死去。种子分泌的这些黏液，能将蚊子幼虫消化掉，消化后的营养物质都被种子吸收了。另外，秘鲁首都郊外的国际马铃薯中心，收集到一种野生的马铃薯，发现它的叶子上长着两种毛。一种细长的毛能分泌黏液，粘捕飞虫；另一种是短毛，碰伤后流出的毒汁能将猎物杀死。

食虫植物跟其他绿色开花植物相比较，既有共同的特点，即能进行光合作用，又有不同之处，也就是它们能利用特殊的器官捕食昆虫，能依靠外界现成的有机物（主要是蛋白质）来生活。因此，食虫植物是一种奇特的兼有两种营养方式的绿色开花植物。那么，食虫植物为什么非要"吃"动物不可呢？这是因为这些植物的根系不发达，吸收能力差。另外，跟它们长期生活在缺乏氮素的环境（如热带、亚热带的沼泽地）有关。假如它们完全依靠根系吸收的氮素来维持生活，那么在长期的生存斗争中早就被淘汰了，幸亏它们获得了捕捉动物的本领，还可以从被消化的动物中补充氮素。人们发现，食虫植物如果很久捕不到昆虫，也照样可以生存，利用它们的叶子进行光合作用，制造有机物，维持正常生活。但是，在实验室通过对照实验证明，经常吃到荤腥的植株要比不喂昆虫的植株长得茂盛、健壮，而且花开得也比较多，结出的果实也比较饱满。由此可见，"荤腥"食物对这些食"肉"植物来说，意义重大。如果它们长期吃不到这些"荤腥"食品，虽能维持生机，但会造成营养不良。

仅剩一株的树木

享有"海天佛国"盛名的普陀山，不仅以众多的古刹闻名于世，而且是古树名木的荟萃之地。

在普陀山慧济寺西侧的山坡上生长着一株名叫普陀鹅耳枥的树木。这种树木在整个地球上只生长在普陀山，而且目前只剩下一株，可想，它该是多么珍贵！因此被列为国家重点保护植物。

普陀鹅耳枥是1930年5月由我国著名植物分类学家钟观光教授首次在普陀山发现的，后由林学家郑万钧教授于1932年正式命名。据说，在20世纪50年代以前，该树在普陀山上并不少见，可惜渐渐死于非命，只留下这个"遗孤"。

遗存的这株"珍树"高约14米，胸径60多厘米，树皮灰色，叶大呈暗绿色，树冠微偏，它虽度过许多大大小小的风雨寒暑，历尽沧桑，却依然枝繁叶茂，挺拔秀丽，为普陀山增光添色。

普陀鹅耳枥在植物学上属于桦木科鹅耳枥属。该属植物全世界约有 40 多种，我国有 22种。分布相当广泛，在华北、西北、华中、华东、西南一带都有它们的足迹。其中有些种类木材坚硬，纹理致密，可制家具、小工具及农具等。有些种类叶形秀丽，果穗奇特，枝叶茂密，为著名园林观赏植物。

普陀山环境幽美、气候宜人，是植物的极乐世界，全岛面积共约 12 平方公里，到处华盖如伞，绿荫遍布。据统计，共有高等植物 400 余种，仅树木就有184 种，有"海岛树木园"的盛名。那里有许多古树名木，特别是古樟约有 1200 余株。此外，

普陀鹅耳枥

像楠、松、桧、柏、罗汉松等屡见不鲜。在国家重点保护植物中还有被誉为"佛光树"的舟山新木姜子。而只在普陀山分布的全缘冬青以及银杏、红桶、铁冬青、青冈、蚊母树、赤皮桐等。

据目前报道，我国只剩一株的树木，除普陀鹅耳枥之外，还有生长在浙江西天目山的芮氏铁木，又名天日铁木。这株国宝属于桦木科，铁木属。铁木属这个家庭共有 4 名成员。它们皆为落叶小乔木，分布于我国的西部、中部以及北部。可喜的是，仅剩的这株铁木在 1981 年结了少数几粒果实，科学工作

者已用它进行育苗试验，并进行了扦插繁殖。铁木材质较坚硬，可供制作家具及建筑材料用。

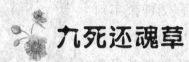

九死还魂草

你听说有一种能九死还魂的植物吗？蕨类植物中的卷柏就有九死还魂的本事，将采到的卷柏存放起来，叶子因干燥而卷成拳状，乍一看，似乎已经干死。可是，一旦遇到水分，它又可还阳"复活"，蜷缩的叶子又重新发开，如果把它栽在花盆里，过一段时间又可长出新叶来。

卷柏

谁都知道，任何生物都是一死了之，不能死而复生，更谈不到九死还魂了，可是卷柏就有这种本领，你若不信，请做一下试验，就可得到这样的结论。

如果你要做试验的话，就得先去采集卷柏的标本，不过，采集卷柏的标本千万不要到平原去找，要到那人迹罕到的荒山野岭，乱石嶙峋的阳坡岩石缝里，那里经常生长着一种莲座状的多年生小草，这种小草就是你要寻找的卷柏。卷柏并不大，高不过 5～10 厘米，主茎短而直立，顶端丛生小枝，地下长有须根，扎入石缝中间，远远望去很像一个个小小的莲座。

卷柏的叶子很小，密露于扁平的小枝上，分枝丛生，浅绿色。它具有极强的抗旱本领。在天气干旱的时候，小枝就蜷起来，缩成一团，保住体内的水分。得到雨水以后，气温一升高，蜷缩的小枝又平展开来。所以叫做"九死还魂草"或"还魂草"。

植物的含水量各不相同，水生植物含水量常达98%，沙漠地区的植物有的只达6%，而木本植物含水量约为40%~50%，草本植物含水量约70%~80%。而卷柏，这种多年生草本蕨类植物，含水量降低到5%以下，仍然可以保持生命。

为什么卷柏具有这种九死还魂的本领呢？

我们通过采集卷柏就可知道它所生活的环境。它们生活在干燥的岩石缝里或乱石山上，因此，它们很难得到充足的水分，长期生活的结果使它们形成了体内含水量极低的特点。即便体内的含水量降到5%以下，它们照样可以生活，可见其生命力之顽强了。遇到干旱季节，枝条便蜷缩成团，不再伸展。雨季一到，卷枝即展开，又可继续生长。经科学研究发现，卷柏细胞的原生质耐干燥脱水的性能比其他植物强。一般的植物经不起长期干旱，细胞的原生质长期脱水就无法恢复原状，细胞因长期脱水而干死，卷柏则不同于一般植物，干燥时枝条蜷缩，体内含水量降低，获水以后原生质又可恢复正常活动，于是，枝条重新展开，重现出生机勃勃的样子。

生长在南美洲的一种卷柏才有意思哩，它们无定居之地，可以自由"搬家"，每当干旱季节到来，根子即从土中"拔出"，身子卷成一个圆球，遇上大风，便随风滚动，滚呀滚呀，一旦滚到多水的地方，便将圆球打开，根子就钻入土中，继续生长发育。假如新居水分又不足，它们还可以拔地而"走"，继续"搬家"，过它们的"游牧"生活。所以又称它"旅行植物"。卷柏的这种随水而居，逢旱便走的特点是长期适应环境的结果。

卷柏不但是一种观赏植物，而且还是一种药用植物，全株都可入药。据现代药理研究证实，卷柏含芹菜素、穗花杉双黄酮、扁柏双黄酮、苏铁双黄酮和异柳杉素等成分，有活血、止血的功效。生用可起到活血去瘀的作用，在治疗闭经、跌打损伤方面效果也很显著；若炒成炭用于止血，治吐血、便血、尿血和子宫出血；若用卷柏的干粉来处理婴儿断脐流血，效果也甚为显著。卷柏的干粉还是一种美容药，干粉加鸡蛋清服用，能使面部光洁，防止或减少斑痣的发生。

救命树

希蒙得木是一种常绿灌木，呈灰绿色或蓝绿色，高达六英尺，大量生长于墨西哥以及美国亚利桑那州，叶子茂密美丽，最有价值的是其坚果所含的油。

就是这种并不起眼的植物成了珍稀动物抹香鲸的救星。几百年来，人类大量捕杀抹香鲸，提取鲸油制造重工业用的润滑剂，因此抹香鲸曾一度濒临灭绝。

自然资源保护组织多年来为此而不懈努力争取。终于在1970年，美国国会通过了"濒临灭种动物保护法令"，禁止进口抹香鲸制品，抹香鲸才免遭灭顶之灾。

然而真正救了抹香鲸命的却并不是这个法令，而是上面所提到的植物——希蒙得木。希蒙得木中含有大量可以取代抹香鲸油的替代品，因而使得上述法令才能顺利实施。

据说希蒙得木坚果粉能治疗多种疾病，例如头皮屑、皮炎、产科疾病等；并且，希蒙得木可以制成非常好的洗发剂，印第安女人总是用坚果油来抹辫子。

直到20世纪，希蒙得木依然只是印第安人的"家中宝"。一次偶然的机会，亚利桑那州大学的一位研究人员看到了有关希蒙得木药用价值的资料并开始研究。

研究的结果表明，希蒙得木的坚果油并非脂肪，而是一种液态蜡。这一发现意义非常重大。因为坚果油不含脂肪，却比其他油类要纯净得多，加工程序也比较简单，这就可以节约大笔的加工费。进一步研究后又发现，希蒙得木坚果油的用途非常广泛，可用于食物的加工和防腐，可制造润滑剂、木器和皮革制品的上光剂、沙拉油，还可以作雪花膏、药膏和洗发剂的主要原料。

另外，希蒙得木坚果油对关节炎、风湿病、结核病都有特殊疗效。因此希蒙得木不仅是抹香鲸的"救命恩人"，也是全人类的共同财富，它可以为人类带来许多实际利益，可以使贫瘠的地区繁荣起来。

就是这种普通的植物——希蒙得木不仅挽救了抹香鲸的性命，也为人类带来福音。

希蒙得木可以在干旱贫瘠的土地上种植，不必与其他作物争夺有限的土地资源，而榨油后的坚果渣滓还可以用来饲养牲口。美国、以色列、印度、澳大利亚等国的许多地方都建立了希蒙得木种植试验场，一方面解决了许多人口的就业问题；另一方面也提供了大量价廉物美的希蒙得木坚果油。

巨人蕨

2003 年 4 月，正在长江小三峡库底进行林木清理的工作人员，在滴翠峡下游、三峡二期工程水位线下发现了两棵奇怪的

植物：它们全都树干挺拔，株形漂亮，树皮表面有着六角形的斑纹。叶子都长在茎的顶端，长长的叶柄长满了小刺，每片叶子有 2 ~ 3 米长，上面竟然长了 17 ~ 20 对小叶子，远看就像棕榈树叶。

经过专家们鉴定，发现这两棵怪树正是国家一级保护植物——桫椤。桫椤又叫树蕨、龙骨风、水桫椤、七叶树等，是一种珍贵的蕨类植物。

桫椤

2003 年 8 月，类似的情况出现在广西临桂县。一位植物学家在路过临桂县宛田瑶族乡塔背村时，发现那里竟分布着近百株桫椤，最大的两株桫椤高达 2 米，直径达 20 厘米。据当地的瑶胞们介绍，桫椤在当地被称为龙骨风，是村民们用来治疗风湿病和跌打损伤的一种良药，因此，他们一直在下意识地尽力保护桫椤。

桫椤是蕨类植物，但桫椤的个子又很高大，最高的可以长到 10 米以上，它没有木质部，又没有韧皮部，究竟是靠什么才能撑起高大的身躯呢？

秘密在桫椤的根部，虽然桫椤的茎本身并不坚固，但根却极其发达，这些根层层缠在一起，或紧紧钻进岩石缝隙，或厚厚覆在茎的下部。这样既增加了茎的体积，又提高了茎的牢度。桫椤根的再生能力特别强，砍了会再生，生了再砍，生生不息，韧劲十足，这就有力地保证了茎干能及时得到支撑。

在矮小的蕨类世界中，桫椤的身材是很令人注目的，它们是蕨类植物中的"巨人"，虽然个子长到 10 多米高，但孢子的萌发以及精子和卵子的结合都离不开水。所以，只能生活在阴暗潮湿的环境里。

桫椤为什么如此珍贵呢？这是因为在蕨类植物的进化史上，桫椤的地位是很关键的，有了桫椤，很多进化上的难题都能迎刃而解。

距今大约 3 亿多年以前，高大的蕨类植物成了地球的统治者。当时，在温暖湿润的环境中，鳞木、封印木、芦木和种子蕨等一些几十米高的蕨类植物组成了蔚为壮观的原始大森林。到了距今 1.8 亿年以前的中生代侏罗纪前后，桫椤类植物代替了那些古老的蕨类植物。当时的桫椤，个子足足有 20 多米高，它们俨然是地球的主宰，有的还成为恐龙口中的美食。

然而，曾几何时，地壳的变化使得原本温暖、潮湿的气候变得干燥。由于种种原因，大部分蕨类植物灭绝了，只有极少数蕨类植物死里逃生，残存到今天，桫椤就是劫后余生的蕨类植物中的一员。

由于气候原因，在南太平洋岛屿的热带雨林中，高达 25 米的蕨类植物比比皆是，但在我国，高大的桫椤却仅仅分布在四川、贵州、云南、海南、台湾、福建、浙江等地和海拔在 100 ~ 800 米的山林中和溪沟边。

桫椤的茎含有大量的淀粉，这种淀粉被称为山粉，可以制成各种富有营养的食品。桫椤的树形极为美观，可作为庭园观赏树木。在医学上，桫椤的茎还能起医治肺痨、抵抗风湿的作用。

2002 年 10 月，在我国广西防城港市板八乡境内，技术人员发现了另一种有"活化石"之称的桫椤类植物——黑桫椤。黑桫椤也属桫椤科，生长于海拔 350 ~ 700 米的密林下，目前仅在我国的浙江、台湾、广东、广西和云南南部等地被发现。它们的分布区域狭窄、数量少，已被列为国家二级保护植物。这次在广西发现的黑桫椤分布面积约为 35000 平方米，数量有 30 多株，最高的植株高达 8 米以上，直径超过了 18 厘米。这是迄今为止，我们在十万大山发现的分布面积最大、数量最多的黑桫椤群，它们在科学研究上具有很高的价值。

陆地上最长的植物

在非洲的热带森林里，生长着参天巨树和奇花异草，也有绊你跌跤的"鬼索"，这就是在大树周围缠绕成无数圈圈的白藤。

白藤也叫省藤，中国也有出产。藤椅、藤床、藤篮、藤书架等，都是以白藤为原料加工制成的。白藤是世界上最长的攀缘植物。它的茎茎干一般很细，有小酒盅口那样粗，有的还要细些。它的顶部长着一束羽毛状的叶，叶面长尖刺。茎的上部直到茎梢又长又结实，也长满又大又尖往下弯的硬刺。一般只有人的大拇指那么粗，然而却特别长，从白

白藤

藤的根部到顶部，一般长约 300 米，最长的可达 500 米，比操场上的一圈跑道还要长。白藤像一根带刺的长鞭，随风摇摆，一碰上大树，就紧紧地攀住树干不放，沿着大树向上生长，当

它爬到大树顶后，再没有什么可以攀缘的了，于是它那越来越长的茎就往下坠，把大树当作支柱，沿着树干上下盘旋缠绕，形成许多怪圈，因此人们给它取了个绰号叫"鬼索"。我国海南岛的热带雨林中也生长着白藤。

 # 螺旋生长曲线美

仔细观察植物，你可以发现它们当中大部分的枝蔓基干为直向生长，然而另外一些生长的方向却是盘旋式的。植物盘旋的方向各异，所构成的螺旋线被英国享有盛名的科学家科克誉为"生命的曲线"。有的按顺时针方向左旋，葡萄是大家熟悉的植物，你看它生长时那100多条卷须，如同触手在空中不停地探索，努力寻找能够攀登的支架。计算结果表明，它的卷须只要用20秒左右的时间就可以绕一圈。卷须就这样紧紧地盘起来，组成了十分有趣的圆状环。葡萄之所以要竭尽全力地往上爬，在于它每张开一片叶子，便能够吸收更多的太阳光，通过光合作用制造养料。

在分析植物的茎和枝蔓出现左右旋转的生长现象时，一般将其归因于南北半球以及地球引力和磁力线的共同作用。最新的研究证实，这是遗传的缘故，因为植物身上的茎、藤、叶等器官的生长靠一种生长素来控制。植物学家解释说，在遥远的亿万年前，北半球和南半球分别有两种攀缘植物的"祖先"。它们寸步不离地跟随东升西落的太阳，以便能够最大限度地获取阳光，在良好的通风环境中生存下去。随着岁月的流逝，藤蔓的相反旋向在漫长的进化过程中逐渐形成。至于那些"始祖"在赤道附近的攀缘植物，当头而照的太阳使得它们藤蔓的旋向无法固定，结果成为忽左忽右旋转的植物。

没有母亲的植物

在多数人的观念里，植物也是有双亲的。在受精过程中卵核与精子结合，产生种子，由种子再长成植株。所以一个植株的体细胞中都包括有父母双方的两套遗传物质，也就是有两套染色体（双倍体）。

但事情不是绝对的，自然界中也有有父无母的植物。一粒花粉长成的植株就是没有母亲的孩子。有人拿"公鸡下蛋"来打比方说花粉长成植株是雄性生殖细胞自己繁殖下代，这样长成的植株体内就没有母亲的遗传物质。

在天然情况下，经过受精而产生的植物有两套染色体，而少数花粉不经受精而自己生殖下代，这种下一代的植物体内的细胞只有一套染色体。植物学上对这两种植物都有专门的叫法，有两套染色体的植物叫双倍体植物，只有一套染色体的植物叫单倍体植物。

单倍体植物，在自然界很少见，多数单倍体植物是靠人工培养而成的。

1964 年，有人将曼陀罗的花粉取下来，在特殊条件下培养，就长成一棵幼苗。这一事实说明，在离体条件下，花粉能够改变原来的发育途径，不再变成精子，而形成了一团团的细胞团块——愈伤组织，再形成胚状体（种子发育成幼苗的中间形态之一），然后长成一棵植株，这一成功足以说明，不仅植物的种子和器官具有繁殖能力，植物的细胞同样也有传宗接代的本领。这种方法叫做花粉育种法。

一粒花粉能够变成一棵植物，可不像种子长出幼苗那么容易，必须给予合适的条件，促使花粉改变原来的发育途径，向有利于长成植株的方向转化。广泛采用的方法是培养花药，让贮存在花药里的花粉发育成植株。在无菌条件下取出花药，接种到培养基上，给予适当的光照，在 25～30℃下培养，几天后花粉就开始进行细胞分裂。有的植物如烟草等的花粉经过类似胚胎的发育过程形成胚状体，直接长成植株。而多数植物如水稻、大麦等花粉粒不断分裂增殖，形成了愈伤组织。愈伤组织是一团团的细胞团块，需要把它们转移到一定的培养基上，才能分化出根和芽，再生长成一棵植株。

花粉能不能长成植物，关键在于花粉的年龄（一般要选用"单核中晚期"）。

在花粉长成小苗的过程中，营养条件是最主要的，这个营养条件叫做培养基。常用的培养基一般要含有作物生长所需要的无机盐和维生素、蔗糖等。不同植物对培养基的要求也不一样，比如烟草花粉培养基中，可以不加激素，可是其他植物往往需要加生长素、细胞分裂素等。

因为由花粉长出的小苗都是单倍体中的，它们的染色体不能配对，所以不能产生种子，在育种上没有价值，必须使它的染色体加大一倍才能结实。在自然界中仅仅有少数单倍体植物能自然地加倍，大多数还要用人工方法进行染色体加倍处理。常用的方法是用稀的植物刺激素如秋水仙来处理小苗的根或芽，使整个植物变成双倍体植株。也可以将小苗的根、茎、叶的某一部分切下来培养，自然地加大一倍染色体，得到能结实的双倍体植物。

花粉育种又叫单倍体育种。采用这种方法育种，有许多优点：一般杂交育种培育一个新品种要七八年时间，甚至更长的时间，而花粉培育出的植株，不要经过几代的选育就可能获得一个稳定的品系，只需三四年，从而加快育种速度，简化选育手续，节省了大量的人力、物力和土地；产量比较高，一般可比其他品种增产两成左右。这是育种工作中的一大革新，所以它受到了世界各国的注意。各国也都在加紧进行花粉育种的研究工作。

美人树——白桦

白桦树干耸立，枝叶疏散，树皮洁白，枝条柔软；迎风摇曳，姿态俊美，远远望去，好像一群群白衣天使在翩翩起舞，因此白桦被称为"美人树"。

白桦属桦木科。全球有桦树40种，我国有22种，多产于东北、中部至西南部。其中有刀枪不入的铁桦树、入水即沉的坚桦树、身披"红外套"的红桦和穿着褐色外衣的黑桦等。

白桦林

白桦是落叶乔木，高达25米，胸径50厘米，叶三角状卵形。树皮以白色著称，因为含有35％白色的桦皮脑，所以常在树皮上聚集成一层"银霜"。树皮纸质分层，用刀一划，能层层剥离，好像一张硬质纸张，可以用来写字作画，也可制作精美玲珑的工艺品。树皮上有线形横生的孔，远看好像树干上生着无数眼睛，在向四周瞭望。

白桦在春天先叶开花，花单性，雌雄同株，由许多小花集成荑黄花序，手指般粗的花穗从枝梢挂下。叶片接着长满树冠，一团翠绿，亭亭玉立，端庄秀丽。10月果熟，坚果小而扁，两侧有果翅，能乘风飞散，自然播种。

白桦喜光，抗寒，耐旱，在湿润肥沃土壤中生长迅速，是绿化造林的先锋树种。

白桦的木材坚硬而富弹性，用途很广。树皮可提炼白桦油，供化妆品香料用。桦树汁可以药用。

在德国民间，人们把白桦树看作高尚的爱情象征。每年5月1日，年轻的姑娘总要在阳台上插上一株白桦树枝；男青年要向爱慕的姑娘献上一枝翠绿的小白桦树苗。

能产大米的树

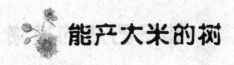

在菲律宾、印度尼西亚等东南亚国家的岛屿上，生长着一种能产"大米"的树，名叫西谷椰子树，当地人称为"米树"。

西谷椰子树树干挺直，叶子很大，约有 3～6 米，终年常绿，树干长得很快，10 年就可以长成 10～20 米高，但是这种树寿命很短，只有 10～20 年，一生中只开一次花，开花后不到 12 个月就枯死了，结的果实只有杏子那么大。

西谷椰子树的树皮坚韧，但里面却很柔软，全是淀粉，开花之前，是树干一生中淀粉贮存的最高峰。然而奇怪的是，这些积存了一生的几百千克的淀粉，竟会在它开花后的很短时间内消失，枯死后的米树只剩下一株空空的树干。所以要在它开花之前将它砍倒，切成几段，然后再从中劈开，刮取树干内的淀粉。接着将它们浸在水里搅拌，水就变得像乳白色的米汤一样，然后将沉淀的淀粉加工成一粒粒洁白晶莹的"大米"，人称"西谷米"，用它做饭，就像普通米饭那样香软。

自古以来，米树生产的"大米"一直是当地人的重要食粮。据测定，这种米所含的蛋白质、脂肪、碳水化合物等，一点也不比大米差，目前世界上仍有几百万人依靠西谷米维持生活。

西谷米不怕虫蛀，可以用来做纺织工业的浆料，在市场上很受欢迎。

能产石油的植物

　　当今世界，汽油和柴油的消耗量越来越大。光是全世界每年新增汽车的汽油消耗量就很大。但是，全世界的石油蕴藏量是固定的。目前世界上石油的蕴藏量大约为 2300 亿吨，如果全世界像目前这样用下去，大约在 100～200 年内，石油资源就要枯竭。所以寻找新的能源或石油代用品就成了全世界面临的大问题。可喜的是，经过各国科学家千方百计的考察研究，发现在野生植物中有不少可以提取"石油"的植物。

油楠

　　据美国科学家研究，有一种叫"大牛角瓜"的植物，它的乙烷萃取物含有丰富的烃类液体，其碳氢比例和原油相近，是一种新的烃类能源，它可作为石油的代用品。澳大利亚科学家估计 1 公顷的大牛角瓜每年可提炼出 2340 加仑的"石油"，这个数量是相当可观的。大牛角瓜分布在美洲加勒比海、中美、南美、大洋洲、非洲、印度等国家。目前我国还没发现有此种植物，但发现有很多同属同科植物牛角瓜，据研究它作为未来的石油代用品，也是大有希望的。

油楠也是一种能产"石油"的植物。它是苏木亚科油楠属乔木，高 10~30 米，最粗的直径在 1 米以上。全世界有 10 多种，主要分布在越南、泰国、马来西亚、菲律宾和我国海南岛的热带森林中。

油楠浑身含有油液，当油楠树干长到 12~15 米高时就可出油。在树干上钻个 5 厘米大小的孔，经过 2~3 小时后，从孔中即可流出 5~10 升淡黄色油液。这些油液不需要加工，就可放在柴油机内做燃料使用。如果把一棵树伐倒，树心部分的油液就会顺流而出。由此可见此树含油之多，所以当地人称之为"柴油树"。我国的海南岛也有这种"柴油树"。

还有一种树，它全身光溜溜的，长到 9 米高，全身见不到一片叶子，所以得了个"光棍树"的雅号。又因为它长到几米高，茎枝青绿光滑无叶，像绿色翡翠，因此又得名"绿玉树"。另外，它还有"神仙棒"、"青珊瑚"等别名。光棍树全身含有剧毒的白色乳汁，日本、美国的研究人员认为光棍树的剧毒乳汁中含有的碳氢化合物与原油相近，而且碳氢化合物的含量很高，因此光棍树也是很有希望的石油代用品。

除以上几种植物之外，还有一些野草中也含有石油，如桉树藤含油量还相当高，每年每公顷可产 70 桶"石油"，这也是一个了不起的数字。

能"怀胎生子"的海岸卫士红树林

植物是有生命的，也是有思维的。植物妈妈们为了能够延续自己的后代，想尽了办法，红树林就是其中的典型。

红树林

所谓的红树林是指由红树科的植物组成，组成的物种包括草本、藤本红树。它生长于陆地与海洋交界带的滩涂浅滩，是陆地向海洋过度的特殊生态系。据调查研究表明，红树林是至今世界上少数几个物种最多样化的生态系之一，生物资源量非常丰富，如广西山口红树林区就有 111 种大型底栖动物、104 种鸟类、133 种昆虫。广西红树林区还有 159 种藻类，其中 4 种为我国新记录。这是因为红树以凋落物的方式，通过食物链转换，为海洋动物提供良好的生长发育环境，同时，由于红树林区内潮沟发达，吸引深水区的动物来到红树林区内觅食栖息，生长繁殖。又因为红树林生长于亚热带和温带，并拥有丰富的鸟类食物资源，所以红树林区是候鸟的越冬场和迁徙中转站，更是各种海鸟的觅食、栖息和繁殖的场所。

为了适应这一状况，红树出了一个奇招：像动物一般，怀胎生子！依靠"胎生"的种子来繁殖后代，这是红树适应海滩生活的一大本领。在陆地生活的种子植物，环境比较安定，成熟的种子落在地上，经过一定时间休眠之后，可以生根发芽，长成新的植物。而身居海滩的红树植物，如果种子成熟之后，马上脱落，坠入海中，就会被无情的海浪冲走，得不到繁殖后代的机会，就有绝种的危险。因此，它们的种子成熟之后，不经休眠，直接在树上的果实里发芽。在红树的枝条上，常常可以看到一条条绿色的小"木棒"悬挂着，犹如丰产的四季豆垂挂藤架，十分有趣。这就是它的绿色"胎儿"，长度一般在 20 厘米以上，下端粗大些。这些绿色"胎儿"就从母树体内吸取营养。当幼苗长到 30 厘米高时，在重力的作用下，从母树上掉下来，扎进土里，并立即生根，在几小时内就长成一颗小红树。

　　从母树上跳下的幼小"胎儿"，或因重力关系插入淤泥中定植生长，或逢涨潮之际，便马上被海水冲击，随波逐流，漂向别处。但是，它们不会被淹死，因为绿色"胎儿"体内含有空气，可以长期在海上漂浮，不失去生命力，有的甚至能在海上旅行两三个月之久。一旦海水退去，它们就很快扎根于海滩，向上生长，长成小红树，那些被送往海中沙洲的绿色"胎儿"，可以在那里定居下来，成为开发沙洲的"勇士"，把沙洲打扮成一个个碧绿的小树岛。红树植物借着特殊"胎生"方式，使它们的子孙后代遍布热带海疆。

　　红树的名字很贴切，因为树皮和木材中多含鞣质，呈红色，可做红色染料。构成红树林的植物，主要是红树种的 4 种植物,有红树、秋茄树、红茄苳和木榄。我国沿海地区的红树林,除红树科植物以外,还有其他科的约18种树木。

终年积水的海滩,土壤中空气不足,根部很难获得充足的氧气,另外,海水含盐量高,植物的根很难吸收利用。再有,由于光照强烈,叶子的蒸发量很大。这样的环境,对于一般植物来说是无法生活的,而红树植物在跟大自然长期斗争中,却获得了一套适应海滩生活的本领,它们不但生存了下来,而且生活得很好,形成了热带海岸上一道坚不可摧的绿色长城。

红树都在春、秋两季开花结果,它们的果实结得很多,一年之内,一棵成年红树,可以结出300多个果实,也就是可以繁殖300多个后代。

红树植物常年生活在涨潮落潮的海滩上,根于基部长出了许多密集的支持根,它们逐渐下伸,最后扎入泥中,形成一个抗御风浪的稳固支架。它们纵横交错织成网状,高度过人。支持根的出现,也是对海岸风浪生活的一种适应。

红树林的支柱根不仅支持着植物本身,也保护了海岸免受风浪的侵蚀,因此红树林又被称为"海岸卫士"。1958年8月23日,福建厦门曾遭受一次历史上罕见的强台风袭击,12级台风由正面向厦门沿海登陆,随之产生的强大而凶猛的风暴潮,几乎吞没了整个沿海地区,人民的生命、财产损失惨重。但在离厦门不远的龙海市角尾乡海滩上,因生长着高大茂密的红树林,结果该地区的堤岸安然无恙,农田村舍损失甚微。1986年广西沿海发生了近百年未遇的特大风暴潮,合浦县398千米长海堤被海浪冲垮294千米,但凡是堤外分布有红树林的地方,海堤就不易冲垮,经济损失就小。

在土壤通气不良的条件下，红树植物还长出了许许多多突出地面的呼吸根，有指状、蛇状、匍匐状、竹笋状等。例如海桑树的呼吸根就长成竹笋状，它们不但能吸收空气中的氧气，而且还能吸收大气中的水汽。

红树植物的呼吸根长期浸泡在海水中，怎么不会被海水中的盐水渍死呢？

原来在红树植物的呼吸根内部还有许多特殊的腺体，它们具有很强的渗透能力，能在水中吸收需要的水分。同时，它们又能排出多余的盐分，所以，这些呼吸根不至于被海水中的盐分渍死。

红树的叶子也具有适应海滩生活的能力。它们的表面有一层很厚的表皮，可以防止水分大量蒸腾，以适应退潮时土壤中水分的缺乏。

红树植物正因为具备了这些特殊构造和独特的适应能力，才使它们傲然屹立在祖国的热带海岸上。

红树林在生产上也值得重视，很多植物的根和树皮可以提取单宁。有的也可作材用、药用。此外，红树还可护堤、防风、防浪，保护沿海农田不受海潮或大风的袭击。所以，在海岸泥滩，还经常用红树进行人工造林。我国浙江南部的永加到平阳一带的海岸，就有人工繁殖的红树林。

红树植物不但是坚强的海岸卫士，而且还是有名的造陆先锋。我国南疆海滩的一片片红树林，组成了一道道坚不可摧的铜墙铁壁，它们那盘根错节的根子挡住了从陆地上被雨水冲刷下来的泥土和大量碎物，加速了海滩淤泥的沉积，并且能够让其他植物在上面生长，一片片新的陆地就随之诞生了。

红树植物除了生长在我国南方几省沿海以外，它们还大量分布在东南亚、大洋洲、非洲和美洲等热带地区。

植物中的"胎生"现象，除了常见于红树植物以外，也见于佛手和胎生早熟禾。

佛手瓜是生长在墨西哥、中美洲和印度群岛干湿季节交替明显地区的一种植物。旱季到来，佛手瓜的藤蔓枯萎，枯藤上还挂着瓜果。这时，果实里的种子悄悄地吸收着果实内部的汁液，慢慢地萌生了新芽，长成一棵幼苗。这些藏在果实中的幼苗，一旦遇到降雨，就立即生根于土中，并且迅速成长。在旱季到来之前，它们已经完成了传宗接代的任务。

胎生早熟禾是一种一年生的草本植物，我国陕西、甘肃、青海、四川等省均有分布，它们多生长在高山的山坡上，每年8月开花结果，果实成熟以后，就在母株上发芽，长成幼苗。

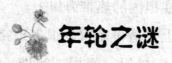

年轮之谜

从树墩上，可以看到许多同心轮纹，一般每年形成一轮，故称"年轮"。这年轮是怎么形成的呢？原来，在树皮和树干之间，有一层特别的细胞，能不停地向内向外分裂出新细胞。春夏季节，它分裂出的细胞颜色浅，秋冬季节分裂出的细胞颜色深，所以就出现了深深浅浅的年轮。

树木的年轮有何用途呢？年轮不仅可以告诉人们树木的年龄，它还可以记录大自然的变化，像气候状况、地震或火山喷发等都会反映到年轮上。1899年9月，美国阿拉斯加的冰角地区曾发生过两次大地震。科学家经过对附近树木年轮的分析研究，发现树木这一年的年轮较宽，说明树木这一年生长速度较快。科学家认为，这其中的内在联系是地震改善了树木的生态环境。

年轮

　　火山爆发在树木年轮上的记录则与地震相反。科学家们发现，火山爆发时喷射出来的大量烟云和灰尘可以一直上升到同温层，并在那里停留2～3年之久。那些细小的尘埃微粒阻住了阳光，使很大一部分地区气候变冷。只要连续有两个夜晚的气温降到零下5℃，针叶松树干年轮上就有一圈细胞被冻得发育不良。

　　专家们发现针叶松上古老年轮的记录时间与历史上一些著名火山爆发的日期十分吻合。公元前44年，意大利埃得纳火山爆发，这与古树在公元前42年形成的年轮十分吻合——烟云要经过2年左右才能到达美洲大陆。历史学家还曾为桑托林火山爆发的时间争论不休，但古松树的年轮证明，这次火山爆发在公元前1628～前1626年之间。

　　现在，人们利用一种专用的钻具，从树皮直钻入树心，然后取出一块薄片，上面就有全部年轮，科学家们由此便可以计算出树木的年龄，了解到气候的变化，以及是否发生过地震或有过火山爆发，等等。

 # 奇异的植物嗅觉

植物有嗅觉，这在许多人看来可能是一件不可思议的事情。看看下面的实例：

1980 年春天，阿拉斯加原始森林中的野兔突然多了起来。它们啃食植物嫩芽，破坏树木根系。为了保护森林，必须消灭野兔。然而，人们想方设法追击围捕，却收效甚微，兔子繁殖的数量有增无减。眼看着大量森林就要遭到毁灭。就在这时，野兔却又突然间集体生起病来，拉肚子的拉肚子，病死的病死，几个月过后，野兔的数目急剧减少，最后竟在森林中消失得无影无踪了。这到底是什么原因呢？

科学家经过调查研究发现，这片森林中凡是被野兔咬过的树木，在它们相继长出的嫩芽和嫩叶中，都无一例外地产生了一种名叫萜烯的化学物质，就是这种物质产生的特殊气味诱使众多的野兔，开始就餐于新近长出的嫩枝叶，也正是这种萜烯物质使野兔们生病，以至死亡，最终离开了森林。森林利用自己的力量战胜了野兔。

相类似的事情在 1993 年又发生了。在美国东北部的 400 万公顷橡树林里，由于舞毒蛾的大量繁衍，橡树叶子被啃得精光。可奇怪的是，第二年，那里的舞毒蛾突然销声匿迹了。橡树叶子恢复了盎然生机。科学家通过分析橡树叶子化学成分的变化发现，在遭受舞毒蛾咬食之前，橡树叶子中所含的单宁物质数量并不多；而在遭到咬食后，此类物质的含量却迅速提高。舞毒蛾吃了含有大量单宁的树叶后，不仅浑身感到不舒服，而且行动变得呆滞迟缓。于是，害虫不是病死，就是被鸟类吃掉了。

更令人惊奇的是，美国华盛顿大学的植物学专家还发现：当柳树受到毛毛虫咬食时，不但受到咬食的柳树会产生抵抗物质，而且还可以使3米以外，根本没有受到侵害的柳树也随之产生出抵抗物质。这种现象说明，植物在受到外来伤害时，能够产生化学物质，通过空气的传导发出"警报"，形成集体自卫。这实际上意味着植物具有十分敏感的嗅觉。荷兰瓦赫宁恩农业大学的科学家马塞尔·迪克证实，当植物受到害虫的攻击时，就能分泌出一种气味来提醒其他植物开始产生害虫讨厌的气味。迪克使用风筒将受攻击的植物发出的气味引向健康的植物，健康的植物在"闻到"警告后，便迅速开始释放特殊气味。

迪克还发现，当利马豆受到红叶螨的攻击时，它便释放出一组化学物质，其中包括甲水杨酯，它可以吸引食肉螨赶来吃掉红叶螨。一些玉米、棉花和番茄植株同样可以发出独特的信号，引来害虫的天敌。玉米一旦受到毛虫的侵害，几个小时后就会释放出一种寄存于松香中、使松香具有一种特殊气味的化学物质，这种化学物质很快就会招来一种寄生性的黄蜂。黄蜂很快便在毛虫的身上产卵，卵一旦孵化出幼虫后，它们就会从体内将毛虫吃掉。有一种豆类，当蛛螨开始侵袭它时，也和玉米一样释放一种挥发性的化学物质，招来捕食蛛螨的救兵——

螨虫。而对棉花幼苗，只要"邻居"发出求救的信号，它们则感到自己面临侵袭的危险，于是跟着发出求救信号，召集"盟友"，严阵以待，共同对敌。在佐治亚的实地实验中，科学家发现黄蜂可以接收遭受烟青虫攻击的植物发出的信号，黄蜂是很喜欢吃烟青虫的。黄蜂径直飞向这些植物，而不理会那些正被其他害虫啮食的植物。

其实，植物从还是种子时，就具有敏感的嗅觉了。即便是埋在土里的最微小的种子，也能闻到烟雾里促进其发芽的化合物。这可能是大自然用来保证生命在森林大火后得以延续的途径。在南非纳塔尔大学和柯尔丝滕博施国家植物园工作的英国科学家发现，如果把植物种子浸泡在水中，而水里又充满了烟雾中的化合物的话，那么有许多种子在完全黑暗的环境中也能发芽。

番茄和其他浆果植物，在邻近植物受到袭击时，都特别擅长发挥"闻"的本领。植株在感到它身处险境时，便把更多的能量用于促进果实生长，以保证果实能够存活下来。冬青上繁茂的浆果和路边灌木丛中的黑莓，都是植物对污染和压力作出反应的结果。

气象树——青冈栎

青冈栎又名青冈树、铁橡。因它的叶子会随天气的变化而变色，所以又被人们称为"气象树"。青冈栎是壳斗科的常绿乔木，5 月开黄绿色花，花单性，雌雄同株，雄花柔荑花序，细长下垂。坚果卵形或椭圆形，生于杯状壳斗中，10 月成熟。

青冈栎

青冈栎为亚热带树种，是我国分布最广的树种之一。朝鲜、日本、印度也有分布。之所以对气候条件反应敏感，是因为叶片中所含的叶绿素和花青素的比值变化形成的。在长期干旱之后，即将下雨之前，遇上强光闷热的天气，叶绿素合成受阻，使花青素在叶片中占优势，叶片逐渐变成红色。有些地方的群众根据平时对青冈树的观察，得出了这样的经验：当树叶变红时，这个地区在一两天内会下大雨；雨过天晴，树叶又呈深绿色。农民就根据这个信息，预报气象，安排农活。

青冈栎的木材灰黄或黄褐色，结构细致，木质坚实，可作车船、滑轮、运动器械等用材；种子含有淀粉，可酿酒，做糕点、豆腐；壳斗、树皮还可提取栲胶。

千奇百怪的根

植物的茎往上生长，根扎向地里，这是人们所熟知的自然现象。我们从地里拔一棵大豆或小麦来看看它们的根，发现大豆有一条粗大的主根和许多较细的侧根，而小麦的根是胡须状的，叫做须根。这两类根在植物中是最常见的。

树根

在自然界中还有许许多多稀奇古怪的根，有的悬空倒挂，有的朝天挺立，有的不劳而获，有的能够"爬行"，有的像块木板，有的像个水壶，有的……这些多种多样的根，称为变态根，它们的结构和功能也发生很大的变化，有时竟使你认不出它们也是植物的根了。

玉米是我们常见的一种作物，它跟小麦一样长了很多须根。夏天，走在玉米地里，可以发现玉米秆下部的节上向周围又伸出许多不定根，它们向下扎入土中。玉米的不定根长得非常结实粗壮，它

青少年感兴趣的100个植物奥秘

们的厚壁组织很发达，能起到帮助玉米秆稳定直立的作用，所以也叫支持根。

我们常见的普通根是朝下生长的，可是有的植物的根却朝天生长，叫做朝天根，也叫呼吸根。最典型的朝天根植物是生活在印度、马来西亚和我国海南岛沿岸的海桑树，在树干附近的地面上，能看到许多像竹笋一样的呼吸根。

这些呼吸根是从地下的根部长出来的。它们穿过淤泥冒出地面，背地而长，根部露在空中，活像一根根扎入泥里的木柱子。呼吸根质地松软，顶端有孔，表面和内部的孔洞互相连通，便于通气。呼吸根内部的海绵状通气组织特别发达，不但可以吸收空气中的氧气，而且还能吸收大气中的水汽，即便长时间被海水淹没，它们也不至于因缺氧而憋死于淤泥之中，照样能继续生长发育。这种呼吸根还有很强的再生能力。

榕树生活在高温多雨的热带、亚热带地区，它的树干长了许多不定根，有的悬挂半空，有的已插入土中。这些不定根刚刚形成时，它们都在空中，也叫气生根，气生根与普通的地下根不同，没有根毛和根冠，它们悬在半空能够吸收湿热空气中的水分，也能进行呼吸。

还有一种奇怪的根，它会爬树或爬墙。也许有人会说，那不是爬山虎吗？错了。爬山虎爬墙，靠的不是根，而是卷须顶端的吸盘。靠根爬行的植物是常春藤，它是一种常绿木质藤本，幼时生有无数气生根。翻开藤叶，在茎上长叶附近可见到一小丛一小丛的不定根，样子很像刷子。这种刷子状的幼根，能分泌胶水状的物质，它们就凭借这种黏性物质黏附在树干或墙壁上，当胶水样的物质干燥以后，这些不定根就紧紧地粘在树干或墙壁上。这种边粘边向上攀缘，终于爬上树干或墙壁上的根，我们叫做攀缘根。

菟丝子的寄生根很像一个个小小突起的"疖子"，它们伸入到寄主的茎、叶表皮里，甚至可以达到木质部和韧皮部。寄生根中的导管末端有一些小型细胞，这些细胞具有吸收功能，它们跟寄主茎、叶的输导组织巧妙地连接在一起，可以源源不断地"吮吸"寄主体内现成的养料，从而养活自己。因此，这种寄生根又称为吸器。更为奇怪的是，当寄主被菟丝子弄得接近死亡时，菟丝子的茎与茎之间常常互相缠绕，产生寄生根，从自身的其他枝上吸取养料，以供开花结实，产生种子的需要。

在稀奇古怪的根中，体型巨大的要算板状根了。热带雨林中的许多树木，主干高达 40～50 米以上，树干上下几乎一般粗细，树干茎部经常向四周长出大板子样的根来，这些板状根大得出奇，高达 3～4 米，最高的可达 8 米。这种板状根，如同电线杆周围架起的支柱，它们稳固地支撑着巨大的树干，使参天大树拔地而起，稳如泰山，所以又称为支持根。香龙眼、臭楝、麻楝树都具有板状根。

在印尼、印度等热带森林中，有一种植物叫大王状瓜子金，身上吊着很多"瓶子"，这些瓶子原来是它的一种变态叶子，叶柄长在瓶口处。每逢下雨时，雨水就从瓶口流入瓶内，所以，瓶子里经常盛有雨水。瓶口附近的叶柄上长了许多细细的不定根，它们伸入瓶中，吸收瓶子里的水分，供植物生活。所以，大王状瓜子全靠叶子来供水，可以生活在大树上。

在多种多样的变态根中，最常见的就是植物地下部分的贮藏根。贮藏根是植物贮存养料的"仓库"。萝卜、糖萝卜、胡萝卜、甘薯等都长有粗大的块状根，甘薯的块根是由不定根或侧根肥大而成，其余三者均由主根膨大而成。这些粗大的块根里，贮藏着大量的淀粉、糖类及其他营养物质，可供过冬后第二年植物生长的需要。

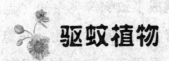

驱蚊植物

蚊子是"四害"之一，常叮咬和骚扰人们，携带和传播细菌、病毒等病原体，深为人们所烦恼。比较人工合成的驱昆虫产品，植物驱蚊更加简便、经济、易于推广，因而受到许多农村妇女和发展中地区的重视。

驱蚊草不仅仅指一种植物，而是指可以用来驱赶蚊子的所有植物的总称。许多种植物都可以用来驱蚊，如夜来香、除虫菊、杀虫花、凤仙花、薄荷、茉莉花、西红柿等都是传统的驱蚊植物。

为什么这些植物可以驱蚊呢？研究人员对杀虫花、碧冬茄和细杆沙蒿等驱蚊植物开展了深入的研究。研究发现，这些植物能释放出一些气体，其中含有令蚊子闻之即怕的成分。

杀虫花，又叫驱蚊花、逐蝇梅等，为马鞭草科马缨丹属，原产巴西，为多年生植物，直立式半藤本状灌木，茎高1米左右。花期盛夏，腋生伞形花序，花冠有红、黄、白等色，也是很好的园林植物。研究发现，杀虫花的植株上会散发出一种气

味，虽然不易为人所觉察，但蚊子和其他一些飞虫对此却十分敏感，蚊子一闻到就逃之夭夭。据化验，其叶含马缨丹烯A、马缨凡烯B、三萜类马缨丹酸和马缨丹异酸、还原糖、鞣质、树脂以及生物碱。此外还含 0.16% ~ 0.2% 的挥发油，其主要成分为草烯、β—石竹烯、γ—松油烯、α—蒎烯和对—聚伞花素等。嫩枝中也含马缨丹烯A。正是因为散发出的气体中含有这些成分，杀虫花就成了蚊蝇等飞虫的"克星"。

碧冬茄为茄科碧冬茄属草本植物，花冠呈漏斗状，为白色或紫堇色，有条纹。经研究，碧冬茄鲜花精油中含有叶醇、苯甲醛、苯甲醇、苯乙醇、乙酸苯乙酯等驱蚊活性成分，它们占有挥发精油总成分的70%，为碧冬茄具有良好的驱蚊作用找到可靠的科学依据。

细杆沙蒿又名细叶蒿，分布于我国内蒙古、河北北部、山西北部和俄罗斯远东地区。散发出的气味有很强的驱避甚至毒害（麻醉）作用。研究人员通过实验发现，细杆沙蒿挥发油在4小时内，驱蚊效果达90%；在8小时内，作用为80.3%。在细杆沙蒿的挥发气体中，含量为36.59%的邻苯二甲酸酯是其驱蚊作用的有效成分。

蚊子对植物植株体散发的香味和其他异味中的一些成分具有特殊的敏感性，因而许多具有挥发性气体的植物都有一定的驱蚊作用。除了前面所提到的种类外，驱蚊植物还包括夜来香、薄荷、马缨丹属、藿香、熏衣草等。

驱蚊所使用植物的量是需要特别注意的，虽然很多植物可以帮助我们驱蚊，但是如果种植的植物量太少，散发的挥发性物质不足以有效驱赶蚊子。另一方面，如果在封闭或不太宽敞的情况下，房间里的植物芳香或异味不宜过浓。否则会引起身体不适，因此需要适当的通风条件。

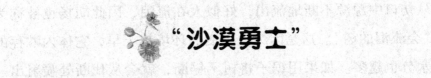

"沙漠勇士"

20世纪90年代，一支征服塔克拉玛干沙漠的中英探险队在一次穿越时，发现了长达40千米的原始胡杨树林。在茫茫荒漠风沙袭击、极端干旱贫瘠、严重盐碱与严寒酷暑等恶劣环境下，为何唯有胡杨能够不畏险恶、独具风采呢？这与它独特的生长特点和习性分不开。

胡杨，又名胡桐、梧桐，为杨柳科落叶乔木，高可达15米甚至30米，寿命最长为200多年，因叶形多变异，所以又叫"异叶杨"。幼年时，它的叶片狭长似柳；成年后，下面的

胡杨

叶片呈披针形或线状披针形，全缘或疏生疏齿；中上部的叶呈卵形、扁卵形、肾形，具缺刻。叶色灰色或淡绿色。胡杨是一种古老的树种，已有6500万年的历史，分布于我国新疆南部、青海柴达木盆地西部、甘肃河西走廊、内蒙古河套等地区。

1935年，在我国新疆库车千佛洞和甘肃敦煌铁匠沟的第三纪早新世地层中，就曾发现胡杨的化石。

胡杨有着极强的贮藏水分的本领。树皮划破后，液汁便会从伤口中源源不断地流出，好似人在流泪，因此胡杨也被称为"会流泪的树"。这是因为，生活的环境越干旱，它体内贮存的水分也越多。如果用锯子将树干锯断，就会从伐断处喷射出一米多高的黄水。如果有什么东西划破了树皮，体内的水分会从"伤口"渗出，看上去就像在伤心地流泪。但液汁中含有大量的碱性物质，因而又涩又苦，不能饮食。《新疆舆图风土考》曰："夏日炎蒸，其津液自树梢流出，凝结如琥珀为胡桐泪；自树身流出色如白粉者为胡桐碱。"因为胡杨将吸收的盐分部分储藏体内，部分又通过表皮裂缝向外溢出、排除体外，形成白色或淡黄色的块状结晶即胡杨碱，可以食用、洗衣、制肥皂等。这种通过植物体搬运盐分的现象，是胡杨在生态学上的一大特点，也是它适应干旱荒漠地区土壤盐渍化的特殊能力。

胡杨的木质极其坚硬，荷重可超过天山云杉，而且耐腐蚀性特强，深埋土中或水中可经久不腐。所以，当地的维吾尔族老人说，胡杨能活3000年，即长着不死1000年，死后不倒1000年，倒地不烂1000年，因而被誉称为顶天立地的"沙漠勇士"。我国考古工作者发现，地处塔克拉玛干沙漠2000多年前的兰楼古城中，不管是房屋建材、棺木，或者是独木舟、木盆、木碗、木勺、木抓等，无不由胡杨木所制，而且不腐不朽，令人惊叹。

胡杨耐高温又耐寒，可在 ±39℃的气温条件下生存；耐干旱，可在年降水量为50毫米的条件下生长。

胡杨还有惊人的耐盐碱能力，能在含盐量超过 2% 的重盐碱地正常地生长。它的体内含有高浓度的盐碱成分，有趣的是当胡杨体内的盐碱浓度过高时，能自动地将盐碱排出体外，因而在树干的伤口和裂缝处常常流出许多树液，干后凝结成米黄色的结晶体，这就是《本草纲目》所说的"胡杨泪"，现称胡杨碱，维语称其为"托克拉克"，是碳酸钠盐的结晶，纯度高达 70%，大者可达 500 克一块，一株大的胡杨树每年可排出几十千克的碳酸钠。由于胡杨能够吸收土壤中多余的盐分，因而可以改良土壤。胡杨碱类似苏打，当地居民常用它发面，制肥皂，或者用来为罗布麻脱胶和制革，并可制作清热解毒、制酸止痛的良药。

胡杨一身是宝，它的叶片富含蛋白质和盐类，是牲畜最好的冬季饲料。所以，每当严冬来临，牧民便把羊群赶到胡杨林过冬。胡杨木材的心材因不断遭受盐碱的腐蚀而材质较差，但边材却纹理漂亮，十分细腻，是荒漠居民唯一的家具、建筑用材。它的纤维可长达 1.1 厘米，是高级造纸材料。它的树干、枝叶还可提炼胡杨碱。

神奇的地衣和苔藓

地衣和苔藓既没有高大的乔木那么引人注目，也没有争妍的花草那样艳丽多姿，但是在植物学家看来，地衣和苔藓都是大有研究和开发价值的宝贝，并且自古以来就被人们所认识。

紫色在古代就被人们认为是吉祥富贵的象征。人们也许知道，唐朝时的一、二、三品官服都要选用紫色，皇帝的诏书也为紫色，可是你也许不知道，这些紫色染料其实就是从地衣中提炼制成的。在古代，许多文人墨客还为地衣、苔藓写下了不少脍炙人口的诗篇。李白的《长干行》中曾写道："门前迟行迹，一一生绿苔。苔深不能扫，落叶秋风早。"王维的《鹿柴》诗中有"反影入深林，复照青苔上"的句子。还有写得更形象的"丹庭斜草径，素壁点苔钱"、"苔痕上阶绿，草色入帘青"。唐代诗人岑参也写过"雨滋苔藓浸阶绿"的诗句。

在植物分类学中，苔藓属于高等植物，地衣属于低等植物。地衣是真菌和藻类共生的有机复合体，菌类吸收水分和无机盐供给藻类，而藻类则依靠自己的叶绿素，利用水、无机盐和空气中的二氧化碳制造各种有机物质，与菌类共享。

世界上共有地衣 400 属 18000 种，它是一种生命力很强的低等植物，寿命很长，对于生存条件要求也不高，并且能够忍受长期的水分缺乏。据资料表明，在英国的博物馆里，干放了15 年的地衣，给它浇水之后竟然还能起死回生。地衣在零下200℃的超低温下不会被冻死，在 70℃ 的高温中也能存活。由于它的光合作用很弱，所以它们生长非常缓慢。另外，地衣对空气中的有毒气体特别敏感，空气中只要含有极少量的二氧化硫，它们就不能生存。因此，现今的大部分大工业城市附近已难以见到地衣生长了。

苔藓植物是构造最简单的高等植物，它们大多数生活在潮湿的环境中。苔藓植物没有根，只有类似根毛的假根。它的主要作用不是吸收营养，而是在石崖、树皮、泥土的表面起一种固定和支撑身体的作用，因而，苔藓喜欢把家安在阴暗潮湿的地方。苔藓虽然是一类柔弱、矮小的植物，但是高矮悬殊，高者可达几十厘米，矮的必须在放大镜下才能看见。新西兰巨藓是世界上发现的最高大的苔藓，高达 50 厘米；另一种叫似天命藓，其茎长不及 0.3 毫米，由于个体小，往往附生在热带雨林中乔灌木的叶子上面，一片小树叶上可生长几十甚至几万株苔藓。这种罕见的叶附生现象，成为热带雨林的奇观。

苔藓植物种类繁多，世界上有 840 属 23000 种，我国有 2000 多种，分布范围也极广泛，在很多种子植物难以到达的地方，它们却能悠然自得地生活。苔藓能忍受严寒和高温，能忍受极度的干旱，并且人们发现苔藓在 55 米深的水中也能生长。

地衣和苔藓在森林中常形成潮湿地区广大的苔层，这种苔层中含有地衣分泌的地衣酸和苔藓分泌的苔藓酸，在它们的长期作用下，即使是坚硬的花岗石也会被腐蚀和溶解。加上它们死亡后遗体变为腐殖质，对土壤的形成、土壤的改良都有着巨大作用，为其他植物的滋生创造了最基本的条件。地衣和苔藓群集丛生，植株之间空隙很多，具有很强的吸水力。据测定，苔藓的吸水力通常相当于其体重的 10～20 倍，比脱脂棉的吸水力还要强 1 倍多。因此，地衣和苔藓不仅是改良土壤的"良医"，也是山区水土保持的忠实"保卫者"。

地衣和苔藓植物是战胜沼泽地的"英雄"。这些顽强的小生命，先是放开"肚皮"喝干沼泽地上的清水，然后用自己的遗体填平沼泽地上的坑凹，并且不断滋生新的地衣和苔藓，从边缘向沼泽地中心扩展，从而为许多草本和木本植物的生长铺平了道路，使许多泥泞的沼泽地变成了青翠茂密的森林。

地衣和苔藓是人类不可忽视的"绿色财富"。地衣不仅是动物的好饲料，而且因其营养丰富，还常常作为人类的佐食配料，有"天然美容食品"之称。冰岛人和以色列人都习惯吃这种地衣食品；我国生长有一种名贵的地衣——石耳，是著名山珍之一。地衣中有的可提取葡萄糖，有的可提取挥发油来制成香水。现代医学已证明，大约有 28 种苔藓具有很好的药用价值，能治肺病、狂犬病，可杀菌止血，提取抗癌的物质，等等。国外还用地衣制取保健浴液，能润肤强身，很受欢迎。此外，苔藓还是一种灵敏的大气污染指示剂，人们可根据苔藓的颜色变化测定大气的受污染程度。

地衣和苔藓在林业中是一种宝贵的指示植物。森林的类型不同，地衣和苔藓的种类和结构也有所不同，假如某地区的森林被烧毁，我们可通过遗留下来的苔藓植物来判定原有的森林类型和植被状况。

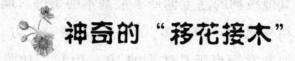

神奇的"移花接木"

1667 年出版的英国皇家学会会报第二卷中载有下面的一段故事：

在意大利佛罗伦萨，有一种橘树，它的果实一半是柠檬，一半是橘子。在这个"神奇"的报道之后，又接到另一英国人的报告，证实有这种奇怪的树。他说他不单看见过这种树，而且 1664 年在巴黎还买过这种树结的水果——这就是世界上发现这种结有双生果实的"奇树"的经过。

关于这种树，科学家们争论了 250 年之久。到 1927 年，日本遗传学家田中亲自进行了研究。田中看见这树上的果实外表有一层凸瘤，在金色的果皮上，到处都有柠檬色的斑纹。果实外部是橘子组织。用刀子割开，里面却是灰白色的极酸的柠檬果肉。

这种"奇"树现在已经不奇了，现在各处都有嫁接的果树。

嫁接，就是"移花接木"。

把一种树上的枝条或芽，连接在另一个植物已经生根的幼苗上，被接的植物叫"接穗"，接上的植物叫做"砧木"。

如果接穗是稳定的，不易改变遗传的老品种的枝条或芽，那么砧木对它的影响就不大。如果嫁接的枝条或芽是最近育成的杂交品种，遗传性尚不稳定，那么砧木和接穗之间就会有相互影响，两个生命结合可能得到第三种生命。

因此，在成年的树冠上嫁接别的果树的接穗，就可以得到具有自己原来个性的果枝，将几个不同的品种作穗嫁接在一株树上，也就是几个不同种的接穗都以这株树作砧木，那么所有这些接穗都将保持自己的个性而结出自己特有的果实。果树园艺师常常在很小的土地面积上收获很多不同品种的水果，一株树上结出数种果子。

可是将一个杂种接穗（遗传性尚不稳定），接到遗传性很强的树冠上，它受的影响就很大。在实践上，园艺工作者采用这种方法，大大地改良了杂种果实的风味。

为了增强嫁接两方的影响，可以采取一些措施。如将接穗

的叶子全去掉，只留下生长点，相反地，在另一方（砧木）去掉它的生长点而只留叶子，那么接穗上的新生的枝条只能从砧木上得到自己发育所必须的物质。这物质是由砧木的叶子制造的，砧木供给接穗的不仅仅是营养物质，还供给特殊的物质如酶、生长素、维生素等。这时砧木对接穗的影响极大，如果用这种方法将白马铃薯的匍匐茎嫁接在红马铃薯上，在白马铃薯的匍匐茎上就结红马铃薯，这匍匐茎获得了形成大量色素的能力，而这种色素在嫁接之前根本就不能形成。用这种办法常常得到中间型的植株。

草本植物也可以嫁接，如番茄嫁接在马铃薯茎上，甜瓜嫁接在南瓜上，都有很成功的例子。

最成功的例子，要算温州无核蜜柑的嫁接，说起这个故事，已有 500 年的历史了。在古代，相传有个名叫"智慧"的日本和尚，到我国浙江天台山进香，见浙江地方的柑子籽少，味道好，便带了一些回日本，将籽播在鹿儿岛长岛村。小树结果了，无意中发现有一棵树的果子没有籽。日本和尚采用了嫁接方式繁殖，得到了一棵"得天独厚"的柑树，这也许就是最早的"移花接木"吧！

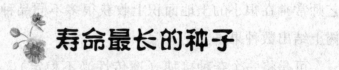

寿命最长的种子

植物种子的寿命，短的只有几天，甚至几小时，一般的有几个月、几年，寿命超过 15 年，已算是长命的了。

那么，世界上有没有千年不死的最长命的种子呢？有的，那就是我国的古莲子。这是1951年在辽宁省普兰店泡子屯村的泥炭层里发现的。人们推断它们已在地上静静地睡了1000年左右，但是它们并没有死亡。

一千多年前结的莲子，到现在如不早已腐朽，也已变成化石，早已没有生命，怎能发芽开花？千年古莲子能开花听起来真像是《天方夜谭》里的神话，是难以置信的。然而，这竟是事实！

多年来，我国报刊上曾多次报道，在辽宁省旅顺附近的新金县普兰店东五里处的泥炭土层中发现尚有生命力的古莲子。如今，古莲子的故乡被称为莲花泡。早在1923年，日本学者大贺一郎在我国辽宁新金县普兰店一带进行地质调查时，在当地泥炭层中采到古莲子，并使它发了芽。

1953年，有人将从普兰店莲花泡地层里的泥炭中挖到的五粒古莲子送到北京中国科学院植物研究所古植物研究室。这五粒古莲子经在实验室内进行了一系列的处理，然后栽入花盆中。令人惊奇的是，这五粒古莲子，在潮湿的水土条件下，过了几天便都长出了幼小的荷叶。以后，将此五棵幼荷从花盆中转移到池塘里。一个

荷叶

多月后，它们竟都绽蕾开花，两白、两粉红、一紫红，花瓣与现代的莲荷，几无任何区别。到了秋季，花瓣凋谢，都结出了含有莲子的莲蓬。

1975 年，大连自然博物馆的科学工作者在新金县东泡子公社附近的泥炭土层中，也采集到古莲子。后由大连市植物园进行培植，于 5 月初播种，到 8 月中下旬竟开出荷花。市民争相观看，古莲开花，一时传为奇谈。大连自然博物馆还先后将古莲子赠送给中国科学院和日本北九州自然史博物馆。经这些单位播种、培育，也都能发芽、长叶、开花、结子。

1997 年 7 月 13 日《羊城晚报》第 4 版报道，在北京香山脚下的中科院植物园中用普兰店古莲子种出的莲荷，于 1997 年 6 月下旬开始开花，到了月初已开了一百多朵。

辽宁新金县普兰店一带的古莲子究竟有多古？据 1951 年美国科学家李贝发表的用碳 14 测定世界上古代植物和含碳古文物所处年代的论文，其中提到有一种古代植物即我国普兰店的古莲子，他测得的年代是 1041 年左右。中国科学院地球化学研究所于 1974 年用碳 14 测得古莲孢粉的结果是 1014 年左右。两者的结果非常相近。

我国在地下发现古莲子并不限于辽宁新金县普兰店一带。古莲子种植后能开花，在明代也有记载。据明人《北游录记闻》（卷五十五）记述："赵州宁晋县有石莲子，皆埋土中，不知年代。居民掘土，往往得之数斛者，状如铁石，肉芳香不枯，投水中即生莲。"

经我国科学工作者的深入研究，古莲子的发芽率可达 90% 以上，有的接近 100%。

一般植物的种子在常温条件下的有效寿命为两三年左右。埋在地下上千年的古莲子为什么能活着，经过处理、培育还能发芽开花，这确实是个谜。科学家说，莲子所以能有此惊人的生命力主要是因其自身的结构特殊。莲子外表的一层果皮特别坚韧，果皮的表皮细胞下面有一层坚固而致密的栅栏状组织，气孔下面有一条气孔道，果实（莲子）未成熟时空气可以自由出入；果实完全成熟后，此孔道即缩小，因而空气和水分的出入受阻，甚至微生物也不易进入，使果皮内成了一个"密封舱"。植物生理学家认为，种子失去生命的原因是由于种子里胚的原生质发生了凝固，如果种子的含水量保持不变，则种子的生命力就能延长。另一个重要的环境因素便是温度。地面1米以下泥土中温度比地面空气中的温度低，且较稳定，这些条件也都有利于种子长期保存其生命力。普兰店一带气温较低，雨量又不多（湿度低），氧含量在泥炭层里有很多，因此当地古莲子能保持其生命达10个世纪，可以得到解释。

莲子胚芽内含有特别丰富的氧化型抗坏血酸和谷胱甘肽等物质，对保持莲子的生命力也起重要作用。当莲子萌发时，它所含的氧化型抗坏血酸逐渐转变为还原型抗坏血酸（即维生素C），这对莲子胚芽的萌芽有促进作用。

 # 寿命最长和最短的花

在自然界里，有千年的古树，却没有百日的鲜花，这是什么道理呢？因为，花儿都是比较娇嫩的，它们经不起风吹雨打，也受不了烈日的曝晒，因此，一朵花的寿命都是比较短的。例如：玉兰、唐菖蒲等能开上几天；蒲公英从上午7点开到下午5点左右；牵牛花从上午4点开到10点；昙花从晚上八九点钟开花，只开三四个小时就萎谢了。由于它开花时间短，所以有"昙花一现"的说法。你也许以为昙花是寿命最短的花吧？不是。南美洲亚马逊河的王莲花，在清晨的时候露一下脸，半个小时就萎谢了。而实际上，世界上寿命最短的花是小麦的花，它只开5~30分钟就谢了。

小麦

小麦花的结构，排列为复穗状花序，通常称作麦穗。麦穗由穗轴和小穗两部分组成。穗轴直立而不分枝，包含许多个节，在每一节上着生1个小穗。小穗包含2枚颖片和3~9朵小花。小麦花为两性花，由1枚外稃、1枚内稃、3枚雄蕊、1枚雌蕊和2枚浆片组成。其外稃因品种不同，有的品种有芒，有的品种无芒。

麦抽穗后如果气温正常，经过3~5天就能开花；晚抽的麦穗遇到高温时，常常在抽穗后1~2天，甚至抽穗当天就能开花；抽穗后如遇到低温，则需经过7~8天甚至十几天才能开花。

在正常天气，小麦上午开花最多，下午开花较少，清晨和傍晚很少开花。因此，上午是采集花粉和授粉的最好时间，而母本去雄的最好时间则在清晨和傍晚。一朵花的开花时间一般为 15～20 分钟。一个麦穗从开花到结束，约需 2～3 天，少数为 3～8 天。

就全株来说，主茎上的麦穗先开，分蘖上的麦穗后开；就 1 个麦穗来说，中部的小穗先开，上部和下部的小穗后开；就 1 个小穗来说，基部的花先开，上部的花后开。

小麦授粉方式与水稻相同，为自花授粉作物，但有一定的天然杂交率。其天然杂交率在 1% 以下。但杂交率随气温和品种不同而有区别。开花时如遇到高温或干旱，天然杂交率就容易上升。因为在高温干旱条件下，花粉极易失去生活力（在正常气候条件下，其生活力也只保持几个小时），而柱头的受精能力却往往能保持一段时间，一旦气温下降或干旱减轻，则能接受外来花粉，发生天然杂交。有些小麦品种，开花时稃片开张较大，开放时间较长，天然杂交的机会增多。

世界上寿命最长的花，要算生长在热带森林里的一种兰花，它能开 80 天。

兰花是中国传统名花，是一种以香著称的花卉。它幽香清远，一枝在室，满屋飘香。古人赞曰："兰之香，盖一国"，故有"国香"的别称。

兰花是单子叶多年生草本植物，有假球茎和肉质肥大的丛生根，带形或线形叶从假球茎抽生，假球茎有多个不定根的生长点，呈圆形、椭圆或长椭圆形，上面还有不定数的薄鳞片，帮有假鳞茎之称。这些鳞片腋间有七八枚不定芽。新苗就是从这些不定芽中抽出的。

兰的根粗壮肥大，肉质分枝少，偶有生出支根的，无根毛。外层为根皮组织，内层为皮层组织，皮层组织细胞较发达，有根菌共生，故兰花又称为菌根植物。

兰的叶终年常绿，它多而不乱，仰俯自如，姿态端秀、别具神韵。中国自古以来对兰花就有看叶胜看花之说。它的花素而不艳，亭亭玉立。

兰花以它特有的叶、花、香独具四清（气清、色清、神清、韵清），给人以极高洁、清雅的优美形象。古今名人对它品价极高，被喻为花中君子。在古代文人中常把诗文之美喻为"兰章"，把友谊之真喻为"兰交"，把良友喻为"兰客"。

蔬中良药——大蒜

大蒜又叫胡蒜，属百合科一年生蔬菜。原产中亚，我国各地都有种植。大蒜为弦状须根，真茎是扁圆形的茎盘，上面生着 8 ~ 13 片叶，扁平带状；叶鞘合抱成筒状假茎。大蒜的鳞茎由蒜瓣组成，是贮存养分和繁殖的器官。

大蒜

大蒜的品种繁多，按

照蒜瓣大小分有大瓣蒜和小瓣蒜两类。前者适于栽培蒜头，味辣，产量高；后者宜培育蒜苗作蔬菜吃。著名的辽宁海城大蒜，最大的蒜头重200克。据记载，它曾为清代进贡名菜。

远在五千年前，古埃及和罗马人就深信吃大蒜能治病，而且使人长得强壮而勇敢。在古希腊举行的世界第一次奥林匹克运动会中，还用大蒜作与会健儿的兴奋剂。大蒜含有挥发性的"蒜素"，有促进食欲、杀菌等效能。据实验，它对链球菌、葡萄球菌、痢疾杆菌及霍乱弧菌的生长均有很强的抑制和杀灭能力。据美国医学家研究发现，大蒜还能降低血液中胆固醇含量，防止动脉粥样硬化，是防治心脏病和高血压的蔬中良药。更重要的是，大蒜还能从多方面阻断人体对亚硝胺（致癌物质）的合成和吸收，增强人体抗癌免疫力。

在日本，人们已经培育成无臭大蒜，它的营养价值远胜于普通大蒜。

蔬中水果——番茄

营养丰富、味道鲜美的西红柿，被人们誉为蔬中水果、果中佳肴、绿色世界的红宝石。

番茄习惯上称西红柿，老家在南美洲秘鲁的丛林幽谷之中。它的枝叶有股难闻的气味，所以曾在很长的一段时间里被人误认为有毒植物，艳丽的果实竟无人敢吃。印第安人起初称它为"狼桃"，认为只有狼才敢吃它。16世纪时英国俄罗达拉

番茄

里公爵漫游南美，曾带回一株献给女王伊丽莎白观赏，此后番茄就传入欧洲。因果实既像柿子，又似苹果，所以有"金色的苹果"和"西红柿"之名。到 18 世纪，西方人才用胡椒、大蒜、牛油作佐料，把西红柿当蔬菜吃。

番茄属茄科，一年生草本植物。日本已培育成西红柿树，一棵干长 16 米的西红柿树，结果三千多个，预计可结果上万个，而且是用温室无土栽培法育成的。日本人给它取名为"妖怪西红柿"。

美国加利福尼亚州培育了一种方形番茄。它比普通圆形番茄更丰满，更适合机器采摘和运输。

西红柿营养丰富，既可作蔬菜，又可当水果。其中维生素 C 的含量是西瓜的 10 倍，对治疗坏血病、感冒、过敏性紫癜症和提高人体抗病力有重要作用。

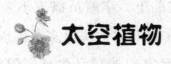

太空植物

　　航天育种又称空间诱变育种。由于太空微重力、高真空、弱磁场和宇宙射线多的特殊环境，航天育种具有地面常规育种难以比拟的优势，即利用太空特殊的环境影响作物种子使其产生变异，返回地面后经过选育，得到作物新品种。

太空蔬菜

　　20世纪60年代，第一艘载人宇宙飞船冲破大气层，克服了地心引力，成功地进入太空遨游，此后，各种各样的"空间站"开始在星际轨道上运行。空间站实际上就是太空实验室，能在太空中停留相当长的时间。所有这些成就，为植物进入太空奠定了基础，科学家们开始在空间站里培育、种植植物。

　　从理论上说，在太空失重的环境下，能减少对植物生长的抑制，再加上一天24小时都有充沛的阳光，植物生长的条件比在地球上优越得多。科学家们期望，空间站能结出红枣一样大小的麦粒，西瓜般大的茄子和辣椒。

但最初的实验结桌实在糟透了。那是 1975 年，在前苏联"礼炮 4 号"宇宙飞船上，宇航员播下小麦种子后，一开始情况良好，小麦出芽比在地球上快得多，仅仅 15 天，就长到 30 厘米长，虽然是没有方向的散乱生长，但终究是一个可喜现象。可在这以后，情况越来越不妙，小麦不仅没有抽穗结实，反而枝叶渐渐枯黄，显示出快要死亡的症状。

是什么原因导致植物不能在太空正常生长？科学家们开始寻找失败的根源。我们都知道，任何物体进入太空都会遇到失重，失重会给人和植物带来许多意想不到的麻烦，植物在失重情况下，通常只能活几个星期。

为什么植物对"重力"这么依恋呢？原来，长期生活在地球上的植物，形成一种独特的生理功能，因为有重力的作用，植物体内的生长激素总是汇集在茎的弯曲部位，而这种生长激素，恰恰是控制植物生长的重要物质，只有当它聚集在适当位置时，才能有效地控制植物向空间的生长方向。一旦处于失重状态，情况就不同了，植物的生长激素无法汇集到茎的弯曲部，使幼茎找不到正确的生长方向。幼茎只能杂乱无章地向四下伸展，这样要不了多久，植物就会自行死亡。

找到了失败的原因，下一步是寻求解决方法，于是，科学家们又马不停蹄地开始了一场新的试验。

解决失重问题，最直接的方法当然是建立人工重力场，但要在小小的空间站里用这个方法，实在很难行得通。正在这令人困惑的时候，有位美国生理学家，提出了一个富有创造性的建议。

他认为："电对整个生物界起着巨大作用，在地球的表面，每时每刻都通过植物的茎和叶，向大气发射一定量的电子流。这对植物营养成分和水的供应产生很大影响。另外，地球上的土壤和植物之间，存在明显的电位差，这种电位差有利于植物从土壤中吸收营养。如果在失重条件下，植物与土壤之间没有了电位差，也不再向空中发射电子流，也许，这就是导致太空栽培植物失败的原因。"

这个建议很符合科学逻辑性，科学家们决定采用电刺激方法，来解决失重给植物生长带来的问题。

他们设计了一种回转器，将葱头栽种在回转器上，每两秒钟改变一次方向，也就是在两秒钟内，植物从正常状态（绿叶朝上）到反方向（绿叶朝下）。

这就相当于在失重状态下，植物没有了"天"和"地"之分。回转器上种着两个葱头，一个被通上电源，受到一定的电压，另一个则不通电源。结果，那个没接通电源的葱头，到了第4天，便出现绿叶开始向四处分散、杂乱无章地伸展的现象，又过了2天，叶子枯黄萎缩，趋于死亡。而另一个受电刺激的葱头，恰恰与它的伙伴相反，就像长在菜畦里一样绿油油的，挺拔而又粗壮。

后来，科学家又将这两个葱头互相调换，不到一星期，奇迹发生了。那只快要死去的葱头受到电刺激后，脱去了枯萎的叶片，重新长出新鲜绿叶，而原先充满生机的葱头，因为失去了电刺激，很快停止了生长，叶梢变得枯黄卷曲。

我国的太空植物包括小麦、水稻、番茄、甜椒、黄瓜和若干太空药材等，共有数十个品种，目前河北、浙江、甘肃、山东、四川等都有大面积种植太空蔬菜的基地。培育出的太空青椒单果最重达750克、太空番茄平均单果重250克。太空黄瓜目前已经开始大规模种植，单产量比普通黄瓜高25%左右，而且口感好，抗病性好。

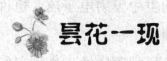

昙花一现

　　昙花是灌木状肉质植物，高1~2米。主枝直立，圆柱形，茎不规则分枝，茎节叶状扁平，长15~60厘米，宽约6厘米，

昙花

绿色，边缘波状或缺凹，无刺，中肋粗厚，无叶片。花自茎片边缘的小窠发出，大形，两侧对称，长25~30厘米，宽约10厘米，白色，花被管比裂片长，花被片白色，干时黄色，雄蕊细长，多数花柱白色，长于雄蕊，柱头线状，16~18裂。浆果长圆形，红色，具枞棱有汁。种子多。

　　昙花枝叶翠绿，颇为潇洒，每逢夏秋夜深人静时，展现美姿秀色。此时，清香四溢，光彩夺目。盆栽适于点缀客室、阳台和接待厅。在南方可地栽，若满展于架，花开时令，犹如大片飞雪，甚为壮观。昙花的开花季节一般在 6 至 10 月，开花的时间一般在晚上 8 ~ 9 点钟以后，盛开的时间只有 3 ~ 4 个小时，非常短促。昙花开放时，花筒慢慢翘起，绛紫色的外衣慢慢打开，然后由 20 多片花瓣组成的、洁白如雪的大花朵就开放了。开放时花瓣和花蕊都在颤动，艳丽动人。三四小时后，花冠闭合，花朵很快就凋谢了，人们常用"昙花一现"来形容出现不久，顷刻消逝的事物。

昙花为什么不在白天而在夜间开花呢？这奇异的开花特性要从它的原产地的气候与地理特点谈起。昙花生长在美洲墨西哥至巴西的热带沙漠中。那里的气候又干又热，但到晚上就凉快多了。晚上开花，可以避开强烈的阳光曝晒，既可缩短开花时间，又可以大大减少水分的损失，有利于它的生存，使它生命得到延续。于是天长日久，昙花在夜间短时间开花的特性就逐渐形成，代代相传至今了。

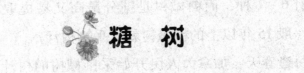

糖　树

甘蔗和甜菜用来制糖，这已为人们所熟知。可是，你听说过还有用树的汁液来熬糖的吗？

很早以前，加拿大的印第安人就从糖槭树中取得糖汁液。他们把桶放在糖槭树下，把树干钻成一个小的窟窿，然后嵌进一根麦秆，树干中甜味的汁液就流入桶中，把这种树液中的水分蒸发掉，就会得到像蜜一样浓的柠檬色的糖浆了。

糖槭树

糖槭树遍布加拿大，"槭树之国"便成了加拿大的代名词。深秋季节，金风送爽，成片的槭树上挂满了红艳艳的叶子，犹如灿烂的朝霞，十分美丽。加拿大人民把瑰丽的槭树叶子视为国宝，他们的国旗、国徽的图案上都有红色的槭树叶子，槭叶成了加拿大的标志和国花。加拿大人民之所以十分珍爱糖槭树，是因为它的树汁是重要的制糖原料。

糖槭树是一种多年生的落叶小乔木，高的可达 40 米。叶子互生，通常为掌状三裂，幼树的叶子常为五裂，能产糖的槭树约有 6～7 种，而糖槭树是糖分最高又易提取糖浆的高产品种。一般 15 年以上的糖槭树就可采割树汁。

每逢春天，加拿大人民开始采割槭树的树汁，他们在树干上打孔，再在孔内插上管子，让白色的树汁顺管子流入采集的桶中。在采割季节，每个孔可采得 100 千克树液。这种树液的含糖量为 0.5%～7%，高的可达 10%，一棵 15 年生的糖槭树，每年可为人们提供 2.5 千克左右的糖。每棵槭树可连续产糖 50 年，有的还可达百年以上。糖槭树的寿命一般为 400～500 年，一次种植可长期产糖。如果与甘蔗、甜菜相比，可谓一本万利。

用糖槭树的树液熬出的糖浆，呈柠檬色，香甜如蜜。用糖槭树的树液生产的糖俗称枫糖。枫糖的主要成分是蔗糖，其余还有葡萄糖和果糖。它的营养价值很高，可与蜜糖相媲美。枫糖的用途很广，除供食以外，还可用于食品工业，制成各种各样的食品，加拿大各地都有枫糖的农场，东南部的两省糖槭树最多，那里就有几千个这样的农场。加拿大的枫糖产量居世界之首，它所生产的枫糖除供销国内以外，还远销国外。

1958年，我国庐山植物园开始引入糖槭树，现在两湖一带都有大量种植。

糖槭树累积的糖并不是特殊的物质，所有的植物都有积累糖的本领，但是它贮存的量比一般植物要多得多，说明这些植物代谢活动更倾向于糖的合成。

天然解毒机——木槿

如果空气中的有毒物质，如二氧化硫（SO_2）达到十万分之一时，人就不能长时间工作；当它的浓度达到万分之四时，人就会中毒死亡。而有些植物却有自行解毒的本领，将有毒物质在体内分解，转化为无毒物质。木槿就是一种，它被称为"天然解毒机"。

生态学家曾采集了九种抗污能力较强的植物叶片进行分析，发现木槿叶片中的含氯量及黏附在叶片上的氯量最多。它对二氧化硫有很强的抗性，二氧化硫对木槿的叶肉细胞危害极

木槿

小；木槿叶片的滞尘量在 18 种植物中名列第三。因此人们常常把木槿当作环境保护的帮手种植。

木槿又名朱槿、槿树条，属锦葵科落叶灌木。它的叶互生，卵形或菱状卵形，常有不整齐三裂，边缘有锯齿。6～7 月开花，有红、白、紫红、粉红等色，单生叶腋，结圆形蒴果。木槿原产我国和印度。

木槿花色美观，但南方各地多作绿篱用材；北方各省常栽植于庭园，供作观赏。它是一种多功能的绿化树种，而且适应性强，扦插栽植容易。

木槿花和根皮都可入药，性子味甘，有清热利湿、解毒等功效。

 ## 为什么不用土壤也能种植蔬菜

俗话说："万物土中生。"它的意思是说，世界上的一切，都是依靠着土，才能够生长。我们每天不能缺少的食物和衣着等等，大都来自植物，这些东西是直接从土壤里生长出来的。

植物的生长，需要一定的水分、养分、空气、光照和适当的温度，只要满足这些条件，植物就会正常生长。植物扎根在土壤里，主要是吸收土壤里的水分和各种营养物质，假使我们不在土壤中而用含有各种营养物质的水溶液来种植蔬菜，行不行呢？

在 19 世纪，科学家曾使用溶液（水培法）进行过植物的生理学实验。经过近 70 年时间，1929 年美国加利福尼亚大学教授格里克用营养水溶液种出了一株 7.5 米高的番茄，收果实 14 千克，首创了无土栽培蔬菜的先例。目前美国已有一些家庭自己生产蔬菜，其中绝大部分都是应用无土栽培生产的，日本、法国、加拿大等国家也都有一定面积的无土栽培蔬菜。我国近年来也用无土栽培法栽培蔬菜，不少城市的郊区已应用无土培育蔬菜秧苗。

由于世界各国广泛地进行无土蔬菜栽培，但总括起来不外乎水培、砂培、砾培和营养膜培养等几种方法。营养水溶液的配方也有上百种之多，主要是根据各种蔬菜对养分的需要配制的，一般常用的也只是少数几种。最简单的无土栽培方法就是在一个容器中铺上 15～20 厘米厚的沙砾石，种上蔬菜秧苗，定期浇灌营养水溶液，就能使蔬菜生长旺盛。

随着科学技术的发展，如今无土栽培蔬菜可在密闭的栽培室里进行，自动控制温（温度）、光（光照）、水（营养水溶液）、气（二氧化碳）等，从而实现了蔬菜生产的工厂化、自动化。

为什么胡萝卜富含营养

　　胡萝卜是一种栽培历史悠久的蔬菜，它在欧洲已栽培2000多年了，古代罗马人和希腊人对它都很熟悉，在瑞士曾发现过它的化石。在13世纪时，胡萝卜由小亚细亚传入我国，因为它有一个像萝卜那样粗、长的根，所以被称为"胡萝卜"。

　　胡萝卜含有丰富的胡萝卜素，以及大量的糖类、淀粉和一些维生素B和维生素C等营养物质。特别是胡萝卜素，它经消化后水解，变成加倍的维生素A，能促进身体发育、角膜营养、骨骼构成、脂肪分解等。

　　是不是所有的胡萝卜都富含胡萝卜素呢？胡萝卜的根有红、黄、白等几种色泽，其中以红、黄两种居多。经分析，胡萝卜根的颜色越浓，含胡萝卜素越多。每100克红色胡萝卜中，胡萝卜素的含量可达16.8毫克；每100克黄色胡萝卜中，只含10.5毫克；而白色胡萝中，则缺乏胡萝卜素。同一种胡萝卜，生长在15℃~21℃的气温条件下，根的色泽较浓，胡萝卜素的含量就高；如生长在低于15℃或高于21℃的气温条件下，根的色泽就淡些，胡萝卜素的含量也低些。土壤干旱或湿度过大，或者氮肥用量过多，都会使胡萝卜根的颜色变淡，胡萝卜素的含量降低。

　　许多豆类和蔬菜经煮熟后，它们所含的蛋白质和维生素C就会凝固或破坏，供人体吸收的营养已不多。胡萝卜素则不然，它不溶于水，对热的影响很小，经炒、煮、蒸、晒后，胡萝卜素仅有少量被破坏。所以，胡萝卜生、熟食都适宜，尤其是煮熟后，就比其他蔬菜的营养价值高多了。

为什么黄山的松树特别奇

黄山是我国著名的风景旅游区，它以奇松、怪石、云海、温泉而闻名天下。其中奇松又是黄山最具特色之处。奇特多姿的古松，屹立于岩石缝间，生长在悬崖峭壁之上，苍劲古雅，令人百看不厌。

为什么奇松多出在黄山？总的来

迎客松

说，黄山松的奇形怪态，是松树适应周围环境，特别是长期以来经受刮风、下雪和低温而形成的。

黄山气候凉爽湿润，而到了冬季又特别寒冷，强风飕飕。由于受强风劲吹的影响，山上松树的枝叶往往呈现明显的畸形，迎风的枝条被风吹得扭曲或呈螺旋状生长，而且背风面枝叶较多较密。另外，风还对这些松树起着生理上的影响。因为

风可加快水分的蒸腾速度，为了减少水分蒸发，松的针叶变得更细、更短，蜡质增厚。风还影响着土质。因为风大，山上表层的土壤很少，松根扎得很深。为了适应环境，生长在岩缝中的树根只能不断分泌酸液，才能啃裂石头，把根扎下去。由于个体松树生活区域的不同，外界因素作用的结果也不同，这就形成了黄山松的奇形怪状。

例如，长在山麓路边的松树，常常多向外伸出枝干，正好与里面的斜坡配合形成奇突而又平衡的感觉。像玉屏楼东面的"迎客松"，树不高，但它的分枝伸出来像条巨臂，犹如打出欢迎客人的手势，给人印象很深。而生在地势平坦处的松树，四面八方阳光雨露比较均衡，枝叶就像一把大伞，四面匀盖，如云谷寺旁的"异萝松"。

在北海的"蒲力松"，树虽不高，但枝叶密集于树冠，密得几乎不透光，由于紧密的关系，上面能坐几个人，甚至可放张席子睡觉，这是它长期承受冬天大雪压顶的威胁而逐渐形成的。

黄山还有些松树长在悬崖峭壁上，更为奇特，如西海和石笋峰等处的松树，有的枝干伸出几米远，像条长臂；有的枝干盘曲甚至绕过旁边的树后又再向上生长；有的则倒生向下至10多米之处……如果你细心观察，就会发现峭壁上的松树，它们的近根部分从岩石缝中长出来时，只有碗口那样粗，往上长时，树干变大成盆口粗了，这是松树与石头顽强斗争求得生存的最好例证。

为什么说植物是空气的净化器

人在维持生命的过程中，必须吸进氧气和呼出二氧化碳。当空气中的二氧化碳浓度过高时，人的呼吸就会感到困难或不舒适，甚至可能中毒。绿色植物是地球上唯一能利用太阳光合成有机物的创造者，又是地球上二氧化碳的吸收器和氧气的制造工厂。

植物除了对空气中的二氧化碳有吸收、清除作用以外，对空气中的二氧化硫、氯和氟化氢等有害气体，也有一定的吸收能力。例如：1公顷的柳杉林每年可吸收二氧化硫720千克；259平方千米的紫花苜蓿每年可减少空气中的二氧化硫600吨以上；1公顷白桦林每年可吸收11.8千克氟化氢；1公顷刺槐林每年可吸收42千克氯气。

植物对放射性物质不但具有阻隔其传播的作用，而且还可以起到过滤和吸收的作用。例如：在美国，科学家曾用不同剂量的中子和射线混合辐射5片栎树林，发现树木可以吸收一定量的放射性物质而不影响树木的生长，从而净化空气。

灰尘是空气中的主要污染物质，它的体积和重量都很小，到处漂浮。灰尘中除尘埃和粉尘外，还含有油烟炭粒以及铅、汞等金属颗粒，这些物质常会引起人们的呼吸道疾病。植物，特别是由树木组成的森林或林带，有多层茂密的叶子和小枝条构成的林冠，犹如一面致密的筛子，能对空气中的灰尘污染起

阻挡、滞留和吸附的过滤作用，从而净化空气。据测定，绿化区与非绿化区空气中的灰尘含量相差 10% ~ 15%；街道空气中含尘量比公园等右茂密树木的地方多 1/3 ~ 2/3。然而不同树种的降尘能力是不同的，试验结果证明：阔叶树的降尘能力比针叶树高，1 公顷的云杉每年降尘为 32 吨，水为 68 吨。

植物对空气的净化，就是通过植物的吸收功能和累积功能以阻挡、滞留、吸附等物理作用，把污染了的空气，变为清新的不含污染物质或少含污染物质的空气。不同植物对不同污染物质虽具有不同的净化能力，但净化空气的能力大小，却要靠植物的群体作用。因此，要使一个城市或一个工厂的空气清新，有利于人民的生活和健康，除了根据工厂、城市污染空气的物质和浓度选择造林绿化的树种以外，还需要一定比例的绿地面积。

为什么仙人掌长着许多刺

仙人掌的老家在南美和墨西哥，它的祖辈们面对严酷的干旱环境，与滚滚黄沙斗，与少雨缺水、冷热多变的气候斗，千千万万年过去了，它们终于在沙漠里站稳脚跟，然而体态却变了样：叶子不见了，茎干成为肉质多浆多刺了……

这种变化对仙人掌之类植物大有好处。大家知道，植物的喝水量很大，它喝的水大部分消耗于蒸腾作用，叶子是主要的蒸腾部位，大部分水分都要从这里跑掉。据统计，每吸收 100

克水，大约有 99 克通过蒸腾跑掉，只有 1 克保持在体内。在干旱的环境里，水分来之不易，哪里承受得起这样的巨额的支出呢？为对付酷旱，仙人掌的叶子退化了，有的甚至变成针状或刺状，这就从根本上减少了蒸腾面，"紧缩了水分开支"。仙人掌节水能力到底有多大？有人把株高差不多的苹果树和仙人掌种在一起，在夏季里观察它们一天消耗的

仙人掌

水量，结果是苹果树 10～25 千克，而仙人掌却只有 20 克，相差上千倍。这不是仙人掌吝惜，而是生存的必需。若把一株具有茂密叶片的苹果树栽在沙漠里，它肯定就活不了。

仙人掌的刺也有多种，有的变成白色茸毛，密披身上，它可以反射强烈的阳光，借以降低体表温度，也可以收到减少水分蒸腾的功效。

仙人掌一方面最大限度地减少水分蒸腾，一方面却大量贮水。如果不贮备水分，在雨水稀少的沙漠地带就随时有干死的可能。仙人掌的茎干变成肉质多浆，根部也深入沙地里，就能够吸收贮存大量水分，因为这种肉质茎含有许多胶水物，吸水力很强，但水分想逸散却很困难。仙人掌的贮水本领是惊人的，有的仙人掌肉质茎像水缸粗，高 10 多米长，简直像个贮

水桶，过路人若口渴，用刀一砍就可以喝到沙漠里的"饮料"。

仙人掌之类植物正是以它体态的这些变化来适应干旱气候的，这就是仙人掌多肉多刺的原因。

为什么植物绝大多数都是绿色的

为什么自然界中的植物绝大部分都是绿色的呢？

原来，植物进行光合作用的"工厂"是叶子中的叶绿体。叶绿体中最主要的色素是绿色的叶绿素，此外还有橙黄色的胡萝卜素和黄色的叶黄素。它们能分别吸收不同光谱的光进行光合作用。胡萝卜素和叶黄素主要吸收它的补光，即蓝光和蓝绿光；叶绿素主要吸收红光和蓝紫光，对红光和蓝紫光之间的橙、黄、绿色光吸收很少，其中尤以对绿光吸收最少，这样，才使绿光能够反射出去。被吸收的光我们是看不见的，植物的叶子反射的光才能被我们的眼睛所看见。在自然界中，绝大多数植物叶子含叶绿素最多，所以在我们的眼睛看来，植物的叶子一般都是呈现绿色的。

从理想的情况来说，叶子颜色应该是黑色的，因为这样它就可以吸收所有颜色的光，才便更大限度地用这些光进行光合作用，来更多地制造自己的食物。然而，大自然为什么"选择"了绿色呢？

这就要从远古谈起了。地球上最初的植物是生活在海洋里的，在光合作用过程中起作用的是一种原始细菌。因为能够透进海洋里的光是很少的，这种植物要进行光合作用，必须能吸收所有颜色的光才够制造自己的食物。所以，这种植物就呈现很暗的颜色，可以联想到我们现在吃的海带的颜色。比如，生活在深水中的红藻含有一种叫藻红蛋白的东西，它就可以吸收很多种颜色的光，所以它的叶子就几乎是黑色的，这对在深水中进行光合作用是最理想的。

后来，地壳运动使海洋变成了陆地，这些植物必须适应这种环境变化。现在，它生活在有充分光线的地方，再像原来那样吸收所有颜色的光的话就容易被这么多的光线灼伤了。所以，绝大部分的陆生植物，由于光线充足，绿光完全没被吸收利用，而是都被反射出去了。我们眼睛接受到这种光线，所以看到的植物是呈现绿色的。

 # 污水净化器——水葫芦

水葫芦又名凤眼莲，它的老家在南美的委内瑞拉，足迹遍及五十多个国家。我国江南水乡多有养殖，用作猪的饲料。

水葫芦属于雨久花科。由于它的茎中海绵组织发达，气囊大量充气，所以能成为直立或漂浮草本植物。夏季开花，穗状花序，有 6~12 朵花。花冠蓝紫色，漏斗状 6 裂。它的叶片圆形或卵形，叶柄中部膨大如葫芦。

水葫芦对人类最大的贡献是净化污水，分解有毒物质，保障人体健康。据实验证明，1 公顷水葫芦在 24 小时内可以从污

水葫芦

水中吸附34公斤钠、22公斤钙、17公斤磷、4公斤锰、2.1公斤酚、89克汞、104克铝、297克镍、321克锶……还有较强的吸收和积累锌的能力。据实验：水葫芦在含锌每升10毫克的污水中栽培38天，它体内含锌量比对照植物要多133%。水葫芦还能将酚、氰等有毒物质分解成无毒物质。

水葫芦有惊人的繁殖力。一棵水葫芦，在两个月内能繁衍出上千个后代。它富含蛋白质、糖类、维生素及矿物质，是营养丰富的优质青饲料。据试验，一亩水面可收10万斤青饲料，可供30多头猪的需要。还可当绿肥，生产沼气，作为造纸原料等。

除水葫芦外，水葱、浮萍、菹草、金鱼藻、芦苇、空心苋、香蒲等植物，也有较好的净化污水能力。

 # 无花果的果和无花果的花

在植物的生活史中，生长、发育、开花、结果，这是植物生长的一般自然规律。可是，只开花但不结果的植物很多，而不开花但结了果的植物却没有。

无花果

人们常常认为，无花果不开花但可以结果。其实，这种认识是错误的，无花果不仅有花，而且有很多的花，只是因为它的花太小，肉眼是不容易看得清楚的。特别由于它们的花是着生在囊状的总托里面，总花托把所有的雌花和雄花统统地包裹"隐藏"起来。不像一般植物的花托把鲜艳夺目的花瓣以及花萼、雌蕊、雄蕊都"抬"得高高的，以引诱昆虫来传授花粉。这种花在植物学上叫做"隐头花序"。人们不容易看见它的花，因此，就认为无花果是不开花而结果的，并给它起了这个名字。

我们平常吃的那个果子并不是无花果的真正果实，而是由花托膨大而形成的假果（不是由子房而是由其他部分发育而成的果，在植物学上叫做"假果"）。无花果很多花和果都"隐藏"在那个假果里面。

如果把假果割开，用放大镜仔细地观察，就会看到里面会有很多小凸起，这就是无花果的花。无花果不但有雌花和雄花，而且是分开采长的。能结果的只是雌花，每朵雌花结一个小小的果实，所以果实都包藏在那"假果"中。

雌花和雄花既然不长在一起，又都被包裹在那个囊状总花托里面，那么，雄花的花粉是怎样传送到雌花上去的呢？原来，它是由一种叫小山蜂的昆虫来传粉的。这种昆虫很小，用肉眼不容易看见，由于它们在那顶端深凹进去的囊状花托里钻来钻去，这样，就把雄花的花粉传带到了雌花上，使雌花受精结实。

没有"花"但能结果的植物，除了无花果，还有天仙果、文光果等。

稀世山茶之宝——金花茶

山茶花枝叶常青，花大而艳丽，是世界性的名贵观赏植物。山茶花的品种有数千种之多。1960年，在广西南宁地区初次发现了一种金黄色的山茶花，被命名为"金花茶"，是山茶之宝。

金花茶属于山茶科，是一种常绿小乔木，高约2～5米，枝条稀疏，树皮淡灰黄色。单叶互生，狭长圆形。每年四五月萌发新叶，两三年后老叶脱落。11月开始开花，花期可延续到次年3月。

金花茶的花朵单生于新枝叶腋。花色金黄，有蜡质光泽，耀眼夺目，晶莹而油润，似有半透明之感。花的直径约5～6厘米，呈杯状或碗状，娇艳多姿。

金花茶喜欢温暖湿润的气候，多生长在土壤疏松、排水良好的阴坡溪沟处。自然分布范围狭窄，只生长在广西南宁市的邕宁县海拔 100～200 米的低缓山丘，因为数量很少，所以被列为国家一级保护植物。

金花茶还有较高的经济价值和药用价值。叶可做饮料，入药可治痢疾和外洗烂疮；花可治便血，也可做食用色素；木质坚硬，结构致密，可做器具和工艺品；种子可榨油。

洗衣树

位于地中海南岸的阿尔及利亚，冬季温湿，夏季干热。这里生长着一种十分奇特的树，主干挺直，树皮红色，枝粗叶阔，进入树林，仿佛来到了一座绿顶红柱的天然宫殿之中。当地居民称它为"普当"，意思是"能除污秽的树"。用它洗涤衣物，洁净清爽，因此称它为"洗衣树"。当地居民只要把脏衣服捆在树身上，几小时后，在清水中漂洗一下，衣服就很干净了。

原来，在普当的树皮上有很多小孔，能分泌黄色的汁液，它是一种含碱性的液体，所以有去污作用。普当树生长的地方的土质碱性较重，由于阔叶的蒸腾作用，消耗了大量从根部吸来的水分，使树液碱质浓度增加，通过小孔排碱，达到生理上的平衡，有利树身的生长发育。这是生物适应性的一种表现形式，用达尔文学说来解释，这是自然选择的结果。

相思豆

"红豆生南国，春来发几枝？愿君多采撷，此物最相思。"唐代诗人王维借物抒情，吟咏红豆，留下了这首脍炙人口的五绝。红豆树向来被人称为"相思树"。

相思豆

全球有红豆属植物约 100 种，我国有 26 种，多分布于两广、云南、贵州等地，以广西西部和海南地区最为繁茂。按照南方的习惯称呼，"红豆"是指相思子、相思树、海红豆三个树种。

诗人笔下的红豆，是木本红豆属植物。

相思子也称红豆，属豆科，木质藤本植物。它的叶似槐，花似皂荚，荚似扁豆。红豆的大小如小豆，半截红色，半截黑色，古代妇女用它做项链、手镯、脚镯佩戴。青年男女相爱，以红豆为信物互赠，表示忠贞不渝。

相思树又名台湾相思树。是常绿乔木，高达 15 米，胸径 40～60 厘米。木材坚韧致密，富弹性，花纹美观，有亮光，是造船、制橹、做车用材。树皮含单宁，还可提取栲胶。

海红豆又名孔雀豆，因在春暖时节，羽状复叶成双成对地恰似孔雀开屏，因而得名。夏日，黄、白色的小花开满枝头。入秋，荚果成熟，弯曲如牛角，把鲜红色的种子，弹射出去，洒落大地。它又名相思红豆树、西施格树。

红豆艳丽动人，但含有毒汁，特别是相思子，含相思子毒蛋白，毒性大，家畜口服 15 克以上就中毒，已被录入《南方主要有毒植物》中。

向日葵向日的秘密

人们很早就发现，向日葵一天到晚，总是面对着太阳转来转去，你知道这是为什么吗？

原来，植物身上都有一种叫做生长素的物质，它能使植物长得又高又大，但就是胆小怕阳光。向日葵颈部的生长素一见阳光，就跑到背光的侧面去躲避起来，于是，背光这一面的生长素就越来越多，它们便促使这一面长得特别快，而向阳的一面却长得慢些，于是植物就向有光的一边弯曲。随着太阳在空中的移动，植物生长素也像"捉迷藏"一样，不断地背着阳光移动。另外，向日

向日葵

葵向着太阳转能够刺激细胞的生长，加速细胞的分裂繁殖。随着太阳在空中的移动，植物生长素也在茎内不断地背着阳光移动，并且刺激背光的一面细胞迅速分裂，于是，背光的一面比向阳的一面生长得快，这样，就使整个花盘朝着太阳弯曲。

因此，我们常常看到向日葵花盘始终对着太阳，每天从东转到西，周而复始。

那么，除了向日葵，还有许多种植物的花或叶子也都能向着太阳长生，它们是不是也是因为生长素怕光的原因呢？不是的，它们向太阳生长，是为了得到更多的阳光，制造出更多的营养物质来，从而使自己长得更好一些。

橡胶树能像胶球那样有弹性吗

橡胶树

植物中所含的橡胶和橡胶制品有很大区别。许多植物体内都有被称为乳液的白汁，其中有的或多或少含有橡胶。这种体内含有乳液的植物有的是双子叶植物，它有2000多种。

但体内所含乳液多得能供我们采集的产胶植物却极少。其中大部分都生长在热带地区，最普遍的就是三叶胶属。

要制成橡胶，必须把这种乳液集中起来进行浓缩，然后使其产生几次化学变化，有的橡胶制品有弹性，是因为里面加了硫黄。

另外，橡胶球是用阿拉伯树胶制造的。阿拉伯树胶的特性和三叶胶完全不同。

一般认为植物分泌那么多乳液是为了像淀粉和油一样备用，但结果却没起到那样的作用。所以，似乎只是提供给人们制造橡胶而已，对植物本身并没有发挥任何作用。

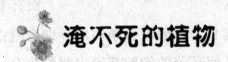

淹不死的植物

绝大多数植物都怕积水长时间浸渍，最怕涝的棉花，淹水一两天，叶片就自下而上发生枯萎，然后脱落，只有顶部近生长点的幼小嫩叶，还能保持一些绿色。大豆淹水一两天，叶片也会自动由下而上地脱落，小麦幼苗淹水 5 ~ 10 天便会死亡。水稻算耐涝植物，但是如果淹水深度超过株高的一半，时间久了也会活得不景气。

淹水的土壤里氧气不足，根系缺乏氧气，它的吸收水肥能力与利用水肥能力就会大大降低。从而使植物饥饿、衰老、发毒害，造成生理障碍而致死，这几乎是普遍现象。

但也有植物不怕水，是淹不死的植物。金鱼草就不怕水，长年沉浸在水里也淹不死，金鱼草的植株体又柔又细，轮生的叶，叶宽只有 0.1 ~ 0.5 毫米。这柔软的纤草遍布世界各大洲的

金鱼草

湖泊、池沼和水沟里。

金鱼草为什么淹不死呢？是它们适应水生环境特征给予的保证，它们的茎叶里有好多空洞，洞里有空气，金鱼草可以从中获得氧气，进行呼吸，这种组织结构就使它不会淹死。它们的叶片分裂成丝状，表面没有角质层，细胞壁很薄，这种结构使得茎叶表面任何部分的细胞都可以吸收水分，接受光线，金鱼草没有陆地植物那种支持茎干的机械组织和输导组织，又没有根。这柔软的植物体利于抗水压，而不致被冲坏。

像金鱼草（又叫金鱼藻）这样沉浸在水中生长的高等植物还有几种，如茨藻、小茨藻等，广泛生于我国各地的淡水或咸水中。

各地池塘河沟的浅水中还常见菱角和睡莲，它们也是水生植物，荷花的茎高出水面，叶花都在水外生存，对水也有很好的适应性。

水生植物的结构证明，植物若是不怕涝，就必须在体内逐渐出现良好的空气通道，根的通气组织越发达，根木质化越扩展，它的抗涝能力也越强。水稻的根在表皮下就有显著的木质化的厚壁细胞，这就是它比旱地作物抗涝性强的一个原因。

很久以前，人们在大川巨湖中常常能看见浮岛，大小不同、形式不一的长满了植物的小岛在水面上漂浮着。今天人们看了它，明天它又不知到哪里去了。当人们还未明了浮岛的来龙去脉时，往往惊诧不已，甚至把它当成神秘的圣地，认为这些湖川中时隐时现的小陆地，可能是神怪们耍的把戏。其实这些浮岛的构造原理毫不足奇！人们都见过生在池畔和湖边的芦苇和其他水草，有时它们匍匐在泥中的茎、根连同泥土一起脱离了岸，在水中漂泊。浮岛的构成原理完全与此相同，流水冲激着江、湖两岸，一部分生长着植物的岸边的泥土就可能脱离陆地，这种泥土中广布着植物根与茎，它们盘根错节，纠缠在一起，泥土黏在它们之间。当它们的分量不十分沉重时，就能在水中浮动。随着时间的流逝，枯枝落叶就积满在上面，逐渐变成腐殖质，形成了土壤，上面竟生起植物，但仍在水面上漂浮，人们遥遥张望，确实是一个浮动的岛屿。

这种岛屿在美国的密西西比河和非洲的尼罗河上随处可见，有的浮岛很大，有时航行在河中的轮船都用它作暂时的停泊之地，其实这些神秘的浮岛就是淹不死的植物创造出来的。

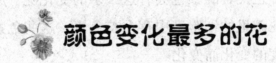

颜色变化最多的花

桃花红，梨花白，从花开到花落，色彩似乎没有什么变化。但是，在自然界里，有一些花卉的颜色却变化多端。例如：金银花，初开时色白如银，过一两天后，色黄如金，所以人们叫它金银花。我国有一种樱草，在春天20℃左右的常温下

弄色木芙蓉

是红色，到30℃的暗室里就变成白色。八仙花在一些土壤中开蓝色的花，在另一些土壤中开粉红色的花。有一些花在它受精以后也会变色。比如棉花，刚开时黄白色，受精以后变成粉红色。杏花含苞的时候是红色，开放以后逐渐变淡，最后几乎变成白色。

然而，颜色变化最多的花要数"弄色木芙蓉"了。普通的木芙蓉花一般是朝开暮谢，就是著名的"醉芙蓉"，也是早晨初开花时为白色，至中午为粉红色，下午又逐渐呈红色，至深红色则闭合凋谢，单朵花只能开放一天。而弄色木芙蓉却花开数日，逐日变色，实为罕见。由于每朵花开放的时间有先有后，常常在一棵树上看到白、鹅黄、粉红、红等不同颜色的花朵，甚至一朵花上也能出现不同的颜色。

为什么弄色芙蓉的颜色会有这么多的变化呢？原来是因为弄色芙蓉的花瓣里的细胞液中存在着色素，这些色素随着温度和酸碱的浓度的变化而变化。

据南宋《种艺必用》一书记载，我国古代邛州就有弄色木芙蓉。弄色木芙蓉不仅仅妩媚好看，很有观赏价值，而且还是一种药材，它的花、叶都有清肺凉血、散热解毒、消肿排脓的功效，一般用于外敷。

叶子之最

在自然界中，动植物是主宰，植物提供了各种动物的必须生活来源，而叶子又是进行光合作用的场所，是孕育生命最基础、最原始的地方。世界上叶子最大的植物是一种生长在陆地上的植物，它就是大根乃拉草。大根乃拉草是一种大型草本植物，它生长在南美洲巴西高原南部的森林里，这一带属于亚热带地区，大根乃拉草就分布在常绿阔叶林中。大根乃拉草的叶子非常大，有趣的是，当人们骑马在森林里前进时，一片宽大无比的大根乃拉草叶子，能把 3 个并排骑马的人，连人带马都遮盖住。要是我们出去野营的时候，有两片这样的大叶子，就可以盖一个三四人住的帐篷了。大根乃拉草真不愧为世界上叶子最大的陆生植物。

在我们常见的植物当中，玉米的叶子长达 1 米左右，看起来算是比较长的了。但是世界上还有比玉米叶子还长的植物叶子，它就是南美洲的亚马逊棕榈，一片叶子连柄带叶有 24.7 米长。但是南美洲亚马逊棕榈叶子还不是世界上叶子最长的植物，世界上叶子最长的植物是热带的长叶椰子，长叶椰子的一片叶子有 27 米长，竖起来有 7 层楼房那么高，真是世界上的长叶冠军。

世界上叶子最小的植物是文竹。文竹原产南非，现在很多国家都有栽种，除了观赏，还可入药，具有止咳润肺的功效。

文竹是一种常见的观赏植物，在很多人家的花盆里就有种植。文竹其实不是竹子，而是一种多年生藤本植物。因为文竹的枝叶纤细秀丽，常年翠绿，姿态文雅潇洒，又因为它的枝干有节，像竹子一样，所以被称为"文竹"。文竹还常常被用来当作新娘捧花时的衬底，因此又有"新娘草"的别称。

文竹的分枝既多又细，通常我们认为是文竹叶子的部位其实是文竹的茎干和枝条。文竹的叶子已经退化成为白色的鳞片，并且躲在叶状枝条的基部。你如果想看看文竹叶子的真面目，还得请放大镜来帮忙。

一年生植物和多年生植物

一年生植物是指当年内完成全部生活周期的植物，如大豆、花生和水稻等。多年生植物是指能连续生活多年的植物，如乔木、灌木和车前草等植物。其实，一年生与多年生植物之间并不存在着一道界线分明的分水岭。像红薯、鼠曲草在日本属于一年生草本植物，而在热带地区它们却成了多年生植物。

植物在一年之内枯萎的原因有很多，温度过高或过低等均可造成植物不适应自然环境而枯萎死亡。另外，植物开花结果的全过程对于植物来说也是一项"繁重的体力劳动"，由于过重的负荷耗尽了植物的"精力"，终于导致植物的死亡。

从以上两种情况可以看出，有些植物本应属于一年生植物，但由于种种条件的改变而变成了多年生植物。此外，多年生植物也同样会因条件的改变而变成一年生植物。即便是多年生植物也并非所有部位都长生不老，而是不断地新陈代谢，一年一度地萌发新芽，这就像人的指甲和头发一样。

印第安种子——玉米

玉米是世界三大粮食作物——玉米、小麦、水稻之一，是世界上公认的黄金食品。它原产南美洲的秘鲁，当地印第安人早在七千多年前就有种植。在古代，玉米是墨西哥人唯一的粮食作物，每当玉米成熟时节，人们总要把第一个果穗献给"玉蜀黍女神"。

1492 年，哥伦布发现新大陆后，西班牙人从美洲带回玉米，并把它们称为"印第安种子"，因为成熟快，产量高，耐旱能力强，且极具营养价值，所以很快传播到世界各地，成为世界性的粮食作物。又由于玉米的果穗有很多须，酷似土耳其人的胡须，所以16 世纪以后，欧洲人普遍称它为"土耳其麦"。

玉米

玉米传入我国约在 16 世纪初。当时外国人朝见中国皇帝，把玉米果穗当贡品，所以称它为"御麦"。因为它来自西方，早期人们称玉米为西番麦。至今上海郊区有的农民还把玉米叫番麦。我国主要分布在东北、华北和西南山区。

玉米是一年生禾本科高大草本植物，高达 1 ~ 4 米。根系发达，有抗风支柱根，茎粗壮有节，节间有髓多汁，并贮存养分。叶片宽大，线状披针形，有强壮中肋，边缘呈波状皱褶。玉米花单性，雌雄同株。雄花生茎顶，俗称"天花"，为圆锥花序。雌花是肉穗花序，俗称"棒子"，着生在叶腋间，传粉后结颖果，即玉米粒，有黄、白、红、紫及花斑等色。

玉米一般在秋天成熟，如果你仔细观察就会发现，一株株玉米粗壮的茎秆上，靠近地面处的节上长着一圈圈的粗壮的根——支持根，使它们站得很稳，其实这种根扎入土里后也能够吸收水分和肥料。玉米一般是在天气炎热、雨水充足的夏季，在茎秆上长支持根，这时茎秆长得最快，支持根长得又快又粗。当天气转凉和雨季过后，土壤水变少，有的支持根还没来得及长进土里，就停止生长了。它们只会逐渐长粗，并悬挂在茎秆的节上，所以我们才看见玉米的根长在土壤的外面。

善于观察的人还会发现，玉米长有"胡须"，这又是为什么呢？原来玉米须是玉米不可缺少的组成部分。其实玉米须是玉米地花丝，是玉米雌花的一部分。如果没有玉米须，玉米地植株就取法结出玉米。玉米是雌雄同株异花传粉的植物，雄花生长在茎的顶部，而雌花生长在茎的中间部位。玉米靠风来传播花粉，风把雄蕊的花粉撒向雌蕊，雄蕊授粉后很快就会发育成玉米地种子。这时，花丝就会失去作用，成为玉米的"胡须"。

玉米的营养价值比较高，尤其是脂肪含量比大米高四倍，所以吃玉米特别耐饥。

营养赛肉的大豆

世界食用油脂的最大来源是一年生的油料植物种子，如大豆、向日葵、花生、棉籽、油菜子等，约占世界食用油脂总量的50%，其中大豆油居首位。它是我国四大油料作物之一。

大豆籽粒含油量一般为18~20%，主要成分是不饱和脂肪酸，如亚油酸、亚麻酸，含有大量维生素E、A、D，还具有很高的热能，容易被人体吸收利用，是不含胆固醇的优质食用油。世界各国专家提倡以大豆油为主代替动物油，以防止心血管系统疾病，能益寿延年。

大豆

恩格斯有句名言：蛋白质就是生命。大豆为人类提供了丰富的优质蛋白质。据营养学家测定，大豆含蛋白质一般为38%~40%，有的高达50%，是小麦的三倍，玉米、大米的四倍多。与肉、蛋相比，1公斤大豆的蛋白质含量，相当于2公斤牛肉、3公斤鸡蛋、4公斤猪肉的蛋白质含量。孙中山先生说："以大豆代替肉类，为中国人所发明。"

大豆是一年生豆科植物。复叶，小叶 3 片。短总状花序，花白色或紫色，蝶形花冠，结荚果。种子椭圆形，种皮因颜色不同分别有黄豆、青豆、黑豆之称。

大豆根部长着许多圆球形根瘤，里面的根瘤菌能捕捉空气中的氮气，并将它们转变成氮肥。一亩大豆能固定约 6 公斤的氮素，相当于施 30 公斤的氮肥（硫酸铵）。所以农谚说："黄豆肥田底，高粱拔地力。"

大豆还是新兴工业的重要原料，如作医药、化妆用品原料的甘油及翻砂模型的滑润油，加工后配合鱼油可制成高级润滑油。它还是制造喷漆、人造橡胶、人造汽油、人造羊毛、高级尼龙、照相胶卷、肥皂、炸药等的原料。

英雄树

木棉是先开花后长叶的植物。每年三、四月间，一朵朵碗口大的花朵簇生枝头。每朵花有五个肉质的大花瓣，中央围着许许多多的花蕊，花瓣外面乳白色，里面橙红色或鲜红色。由于不见叶子，远远望去满树花红似火，艳丽如霞；树干挺拔，高达 30 多米，如巨人披锦，雄伟壮观，因此被广东人称为"英雄树"，并被选为广州市市花。

木棉是落叶大乔木，属木棉科。幼树的树干及枝条有扁圆锥形的皮刺，老树树干粗大、光滑，侧枝轮生，向四周平展，形成宽阔的树冠。叶互生，掌状复叶，由 5 ~ 7 片长椭圆形的小叶组成。结白色长椭圆形蒴果，内壁有绢状纤维。成熟之后果实会爆裂，里面的黑色种子便随棉絮飞散。因为木棉树身高大，如果不在蒴果开裂前攀上树枝采摘，棉絮就会随果实的爆裂而散失，所以云南人称它为"攀枝花"。

木棉分布在我国云南、贵州、广西、广东及金沙江流域，生长在森林或低山地带。无论是播种、分蘖还是扦插，都容易成活，而且生长迅速。

木棉的经济价值较高。纤维无拈曲，虽不能纺细纱，但柔软纤细，弹性好，耐压，适宜做坐垫和枕芯。毛绒质轻，不易湿水，因而浮力较大。据试验，每公斤木棉可在水中浮起15公斤左右的人体，因此是救生圈的优良填料。木棉的木质松软，可制作包装箱板、火柴梗、木舟、桶盆等，还是造纸的原料。

 # 应用最广泛的草药

甘草几乎是家喻户晓的一味中药。一个原因就是它甜。一般的药大都是苦的，而甘草，无论是刚从土中挖出的，还是陈年干放的，嚼在嘴里，总有一股异样的甜味。另一个原因，就是它的药效极为广泛，除了有抗炎、抗过敏、解毒、润喉、止咳等功能之外，还能补虚损、坚筋骨、治惊痫，同时还有调和众药、通行十二经、解毒的作用。因此，它在中药处方里应用的最多。例如，在古代医书《伤寒论》里，其中的110个处方

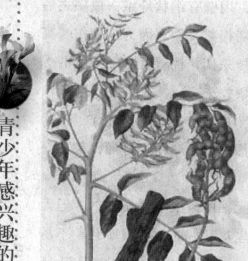

甘草

中就有 74 个用了甘草。近年来，发现甘草有降血压、降血脂、抑制中枢神经、抗溃疡的作用，甚至还发现有抗癌的作用。

甘草是豆科的多年生草本或半灌木植物，高约半米左右，茎上常有刺毛，叶子小而多，排列成羽状。其花紫色，呈穗状花序，其主根很长，为主要的药用部分。甘草主要分布在温带和亚热带地区，我国产于新疆、内蒙、东北、山西、陕西、河北等地。

新疆甘草资源十分丰富，质量为全国之首，为我国重要的甘草资源基地。据勘察，分布面积达2300～2900万亩，主要分布在塔里木河流域的喀什、阿克苏和巴音郭楞蒙古自治州等地的草场上。近十多年来，新疆甘草的供应占国内总药用量的50%，占出口量的80%。由于外贸等部门对甘草的收购量急剧增加，造成采挖过度。据实地测算，挖1公斤甘草，就要破坏5平方米的草场。目前，新疆已有五千万亩草场遭到不同程度的破坏。由于挖走了甘草，破坏了植被，引起土地沙化，破坏了生态平衡，也影响了以甘草为生的羔皮羊的产量和发展。

甘草除去药用之外，还利用其甜味作烟草、点心和酱油的加味料，国外常把它制成"甘草糖果"。甘草所以甜，是因为含有一种甘草甜素——三萜类皂甙，它在水中极易溶解。如果把甘草甜素用两万倍的水冲淡，依然能尝出其甜味。而甘草甜素在甘草中的含量又高达 6% ~ 14%，可想而知，甘草的甜度比糖不知要高出多少倍。

郁金香原产于荷兰吗

荷兰是一个美丽的国家。荷兰人民很喜欢鲜花，尤其是一种名叫郁金香的花卉，更是受到荷兰人的厚爱。在荷兰的大街小巷、庭院公园，随处可见郁金香美丽的芳姿。荷兰人不仅爱种郁金香，而且还把郁金香当作国花来看待。

郁金香

郁金香在荷兰如此受欢迎，那么郁金香的原产地究竟是不是荷兰呢？

其实，郁金香的老家不是荷兰。郁金香原产地应该是土耳其。那郁金香是怎么传到荷兰的呢？

原来，在 16 世纪时，一个驻土耳其的奥地利外交官见郁金香很美丽，就把它带回了奥地利，献给了奥地利的皇帝。在

奥地利的皇宫花园里，有一个荷兰来的花匠，他一见郁金香，就大吃一惊，心里赞叹道："这花儿是多么迷人啊！要是我的祖国能开遍这种美丽的花朵，该多好啊！"有一天，他就偷偷将郁金香带回了荷兰。

郁金香一在荷兰露面，就受到了荷兰人的热情欢迎。一时间，每一个荷兰人都以拥有一棵郁金香为荣。郁金香热顿时席卷了荷兰全国。

曾经有人愿意拿一个酿酒厂去换一棵罕见的郁金香。在荷兰的首都，有一幢漂亮的房子，房子的主人想把房子卖掉。他在屋门前贴了一个告示，上面写着："此屋出售，价值三枝郁金香。"

随着时间的推移，郁金香的品种也越来越多，并且花朵也越来越鲜艳。这都是花匠们精心培育的结果，要知道，原来郁金香本没有这么多姿多彩啊！

每年四五月份，是郁金香盛开的季节。这时，成千上万的人，都蜂拥到荷兰，来观赏这儿美丽的郁金香。迷人的郁金香，吸引了众多的参观者，也为荷兰旅游业的兴旺发达立下了汗马功劳。

如今，荷兰不仅是世界最重要的郁金香栽培国，也是最大的郁金香出口国，培育的郁金香远销世界各地。在荷兰的一家机场，每天都有好几架飞机满载郁金香，飞往世界各地。

荷兰真不愧是郁金香之国啊！

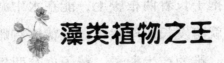

藻类植物之王

粗略地来说，整个植物界可分为低等植物、高等植物两大类群。我们平常所见的植物大都属于高等植物。低等植物则包括藻类植物、菌类植物和地衣。藻类植物大部分生活在水中，它们种类繁多，形态迥异，大小悬殊。最小的只有一个细胞，在显微镜下才能观察到。而最大的可长达好几十米，甚至百米以上。这就是世界公认的"藻类植物之王"——巨藻。

巨藻形似海带，与海带是同宗兄弟，均属于昆布科。但巨藻要比海带大得多，它可以生活12年之久，如在适宜条件下，每天可以长2米左右。每隔二三十天，其长度就可增加一倍，一般长达20~80米，大的可达百米甚至数百米以上。巨藻没有根、茎、叶，但有类似根、茎、叶的构造。它的根，称作假根，是分枝状的，但并不是用来吸收水分和养料的，而只是用它来固着在海底的岩石上，因此又被称作固着器。一棵大的巨藻，固着器直径可达一米左右。在固着器上长着又粗又长的柄，这就是巨藻的"茎"，柄上海隔十几厘米着生一张硕大的扁平叶片，叶片是披针形的，长可达一米左右，宽达十几厘米。它的每个叶片都有一个叶柄，每个叶柄都有一个气囊，里面充满空气，巨藻就是靠它飘浮在海面上。巨藻的叶片里含有叶绿素，它可以直接从海水中吸收水分和养料，进行光合作用，自己制造食物。

巨藻繁殖后代是很有趣的。它的叶片上可以散发出许许多多的孢子，这些孢子长着两根鞭毛，能在水中游来游去，在它尽情遨游之后，就萌发长成丝状体。丝状体有雌雄之分，雄的丝状体产生精子，雌的产生卵子。精子也有两根鞭毛，仿佛两条船桨一样，使精子在水中游弋，当它遇到卵子之后，就与之融合形成合子。合子萌发，渐渐长成一棵新的巨藻。

巨藻可以在海底形成一片气势磅礴的"海底森林"，一般为0.5～2平方公里，最大的可达数百平方公里。一大片巨藻就像一道天然的防波堤，护卫着海岸、码头、船只免受惊涛骇浪的袭击。但巨藻会缠住船桨，给船舶行驶带来麻烦。巨藻所形成的"海底森林"为鱼类及多种水生动物提供了栖息和繁殖的场所。

巨藻的经济价值很高。它含有丰富的蛋白质、多种维生素以及矿物质，是良好的饲料。它还可以提取褐藻胶、碘甘露醇等工业原料及生产沼气。

巨藻在世界上主要分布于大洋洲及美洲太平洋沿岸的一些国家。1978年，我国科技工作者首次从墨西哥引进巨藻，现已在我国北方海域安家落户。

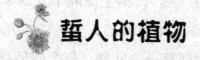

蜇人的植物

在我国首都北京的西南部，位于河北省涞水县境内，有一处名叫野三坡的地方，在野三坡有一条远近闻名的蝎子沟。

在蝎子沟里遇到的并不是蝎子，而是一种名叫蝎子草的植物。整条蝎子沟长达 11 千米，里面到处长满了蝎子草，它的叶子长得有一些像桑叶，看上去很是温柔可爱，如果不小心碰到了它，就会感到疼痛难忍。这是什么道理呢？

原来蝎子草的全身都长着毛，叶片背面生的毛是蜇毛。若不小心碰到了蜇毛，蜇毛便会扎进身体。蜇毛为什么会使人感到痛苦呢？这是因为蜇毛是一种由表皮细胞延长而形成的腺毛，它由两部分组成，表面部分被称为单细胞毛管，基部便是由许多细胞组成的毛枕。

毛枕会分泌并贮藏毒液，这种毒液的成分十分复杂，有甲酸，有乙酸，也有酪酸，更有含氮的酸性物质和一些酶。毛枕中贮藏的毒液被输送到毛管中，毛管的一端成了刺，基部很硬，中间却很脆弱。刺扎进人或动物的皮肤内，便会被折断，于是毒液便一股脑儿被送进被害者的身体。

蝎子草分布于我国的陕西、河北、河南西部、内蒙古东部和东北部，以及朝鲜。和蝎子草一样会蜇人的还有分布于我国云南、贵州、湖南西部和四川西南部以及老挝、缅甸、印度的大蝎子草。

与蝎子草相比，大蝎子草的个子要大得多。大蝎子草也是草本植物，最高可长到 2.5 米。它的叶子呈五角形，全身也长满可怕的蜇毛，被蜇后也会感到疼痛无比，像是被蝎子或马蜂蜇着一般，被蜇的地方以后还会出现红肿，几小时或几天以后才会消去。

蝎子草和大蝎子草都属荨麻科。许多荨麻科的植物都会蜇人，它们共分 5 个属 30 多种，遍布全国各地。比如，南方常见的蜇人植物有荨麻和大蝎子草，北方则有蝎子草、掀麻和狭叶荨麻。此外，生活在广东和海南的海南火麻树，生活在广东、广西、云南的圆齿火麻树和圆基叶火麻树，也都会蜇人，人、畜被蜇以后皮肤都会红肿并感到疼痛难当。

被蝎子草一类蜇人植物蜇伤以后千万不要惊慌，应该马上用肥皂水冲洗或涂抹碳酸氢钠溶液以中和毒液。如果皮肤已经被扎破，则应该马上敷上浓茶或鞣酸，以免受到感染。

其实，许多荨麻科植物是很好的药用植物和经济植物，就拿荨麻来说吧，它的全草都可供药用，可治疗风湿和虫咬。它的营养价值十分丰富。据测定，每千克荨麻叶和嫩枝的干物质中，竟含 140~300 毫克胡萝卜素、1000~2000 毫克维生素 C、25 毫克维生素 K、320 毫克维生素 B。荨麻的千克干物质中，铁、锰的含量比苜蓿的还多 3 倍，铜、锌的含量更比苜蓿的多

苎麻

5 倍。此外，荨麻还含有单宁、有机酸和其他一些活性物质。科学家发现，用荨麻来喂家禽，不仅产蛋多，而且可以防治疾病。以往，国内尚无种植荨麻以作纺织原料的先例。2002 年，在我国的新疆，有人开始规划人工种植荨麻以获取荨麻的纤维，这是因为荨麻纤维的韧性很强，可以织出优质的防弹衣。

同属荨麻科的苎麻也有很大的利用价值。苎麻产于我国的山东、河南和陕西以南的各个省区，它的茎皮纤维可供制作夏布，是制造优质纸的原料。苎麻的根和叶可供药用，有清热、解毒、止血、消肿、利尿、安胎的作用。苎麻的叶子既可以养蚕，也可以作饲料，种子榨油以后可供食用。

随着育种技术的发展，中国农业科学院的科研人员经过引种、驯化，成功地培育出杂交苎麻。这种杂交苎麻可作蔬菜，它味道鲜美，口感滑腻，营养丰富，每 100 克嫩茎或叶中含粗蛋白 4.66 克，脂肪 0.62 克，粗纤维 4.34 克，碳水化合物 9.64 克，还含有丰富的铁、钙等无机盐、胡萝卜素和维生素 C。

难能可贵的是，杂交苎麻根的提取物含有多糖类化合物，能调节 T 淋巴细胞的免疫功能，阻止癌细胞的分化与扩散，可治疗前列腺肥大或其他一些癌症，因而正越来越引起人们的注意。

蝎子草等荨麻植物为什么要生出如此可怕的蜇毛呢？科学家告诉我们，这是植物出于防卫的需要，一些植物看上去很诱人，它们的叶子是许多食草动物乐于享用的。天长地久，为了免遭灭顶之灾，一些植物体内便产生了单宁等涩嘴的化学物质，另一些植物则干脆进化出各种各样的毒针、毒刺和其他稀奇古怪的小玩意儿。

植物体内产生的化学物质一般都是新陈代谢的产物，它们有的有毒，有的无毒，被称作是植物的次生物质。

植物出汗之谜

　　夏天的早晨，可以看到很多植物叶子的尖端或边缘，有亮晶晶的水珠慢慢地从植物叶片尖端冒出来，逐渐增大，最后滴落下来；接着，叶尖又重新冒出水珠，慢慢增大，最后又掉落下来……一滴一滴地连续不断。显然，这不是露水，因为露水应该布满叶面。那就只有一种解释，这些水珠是从植物体内冒出来的。

　　这是怎么回事呢？原来，在植物叶片的尖端或边缘有一种小孔，叫做水孔，和植物体内运输水分和无机盐的导管相通，植物体内的水分可以不断地通过水孔排出体外。平常，当外界的温度高，气候比较干燥的时候，从水孔排出的水分会很快蒸发散失，所以我们看不到叶尖上有水珠积聚起来。如果外界的温度很高，湿度又大，高温会使根的吸收作用旺盛，由于湿度过大抑制了水分从气孔中蒸发出来，这样，水分就只好直接从水孔中流出来了。在植物生理学上，这种现象叫做"吐水现象"。

　　在热带森林中，有一种树，在吐水时滴滴答答，好像在哭泣似的。当地居民干脆把它叫做"哭泣树"。中美洲多米尼加的雨蕉也是会"哭泣"的。雨蕉在温度高、湿度大、水蒸气接近饱和及无风的情况下，体内的水分就从水孔分泌出来，一滴滴地从叶片上降落，当地人把雨蕉的这种吐水现象当作下雨的预兆。"要知天下雨，先看雨蕉哭不哭？"因此，他们都喜欢在自己的住家附近种上一棵雨蕉，来预报天气。

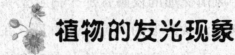

植物的发光现象

我们知道在动物界中，有一种会发光的神奇小昆虫，名叫萤火虫，当它们在夜空中飞行时，犹如无数盏时明时暗的小灯，在夜空中流动。有趣的是，植物界中也有不少成员具备发光的本领，它们中既有肉眼看不见的藻类植物，也有高大的乔木。

非洲的新几内亚岛，是 16 世纪被人发现的，岛上除了莽莽苍苍的原始丛林外，只有少数黑皮肤的土著人。

大约 300 年后，荷兰远征军入侵该岛，在那儿建立了一块殖民地。由于当地的土著人勇敢好斗，经常躲在暗处用毒箭袭击入侵者，荷兰人感到处境困难，为了保证安全，他们在沿海附近建立了一座城堡，取名为巴博城。

建城两个月后的一天下午，天空中乌云密布，到了晚上，更是漆黑一片，伸手不见五指。海滩上的荷兰卫兵，在狂风呼啸、海涛怒吼的环境中，战战兢兢地持枪执勤，全神贯注地望着远方。突然，他们的目光被海岸上出现的微弱光点所吸引，那光点渐渐向他逼近，形成了一长串。过了片刻，卫兵前去查看，四周空无一人，沙地上却留下一串串发光的亮脚印。

这个恐怖现象使巴博城的居民人心惶惶，大家一致认为，只有魔鬼才能留下这样可怕的亮脚印。正当人们为此议论纷纷时，另一位荷兰士兵通过自己的亲身经历，解开了魔鬼脚印之谜。

同样是一个风雨交加的夜晚，那个荷兰士兵去海边查看船只是否拴牢，这时，城堡上的人惊奇地看见，在他的身后也留下了一串亮脚印。于是大家都怀疑他与鬼魂有来往，甚至嚷着要杀死他。可出人意料的是，立即奉命去跟踪他的其他士兵，在潮湿的海边沙滩上也都留下闪闪发光的脚印。这一下大家才知道，凡是在这样的风雨之夜，无论是谁在海滩上行走，均会留下发光的脚印，而魔鬼是不存在的。

大家一定会感到奇怪，脚印怎么会闪亮发光呢？

原来，在大海之中生存着1000多种极微小的植物和动物，它们有与众不同的特性，就是身体能放出荧荧的亮光，科学家给它们起名为发光生物，它们的细胞内常含有荧光酶或荧光素，当遇到触动刺激或氧气十分充足时，便产生光亮。

大多数发光生物都需要生活在有水的环境中，大海对它们来说真是最理想的生活天地。海洋中最常见、数量最多的是一种藻类植物——甲藻，它们小得肉眼看不见，有时在大海中出现神奇的绚丽光焰，就是它们的杰作。当大量的甲藻被海浪抛上岸，并没有马上死去，而是静静地躺在潮湿的沙滩上"休息"，这时如果有人沿岸而行，它们受到人脚触动刺激后会重新发光，于是，便在人的身后留下一串"魔鬼亮脚印"。

海洋中有会发光的植物，陆地上也不例外。

在山区的夜晚，偶尔能见到远处的朽木在闪闪发光。这是怎么回事？原来，在枯树烂木中，常常腐生着一些腐败细菌，它们的菌丝遇到空气中的氧，会产生一系列化学反应，并发出光亮。

除了朽木，生长旺盛的树也会发光。日本有一种小乔木，树皮上寄生着会发光的大型菌类植物，每逢夏季来临，它们在树上闪闪发光，夜晚时远远望去，好像无数星星点点的荧光。在非洲北部有一种树，不管白天黑夜都会发光，开始，人们不知道它的底细，恐惧地称它为"恶魔树"，后来才发现，这种树的根部贮存着大量磷质，同氧气一接触，就整天发光了。

在我国也有不少会发光的树。1961年，江西省井冈山地区发现了一种常绿阔叶的"夜光树"，当地居民叫它"灯笼树"。这种树的叶子里，含有很多磷质，能放出少量的磷化氢气体，一进入空气中，便产生自燃，发出淡蓝色的光。尤其在晴朗无风的夜晚，这些冷光聚拢起来，仿佛悬挂在山间的一盏盏灯笼。

江苏省丹徒县曾有棵奇怪的柳树，每逢漆黑的夜晚就会闪烁出淡蓝色的光芒，即使在狂风暴雨之夜，也不熄灭。这个奇怪的现象，引出了许多迷信传说。后来经过科学家研究，发现柳树放光原来是真菌耍的把戏。这种真菌叫假蜜环菌，因为它能发光，又叫亮菌。不管是树木、蔬菜和水果，只要着生了亮菌，都变成发光植物了。

在发光植物中，最有趣、最美丽的要数"夜皇后"发光花了。这种植物生长在加勒比海的岛国古巴，每当黄昏降临时，它的花朵开始绽放，并星星点点地闪烁明亮的异彩，仿佛无数萤火虫在花朵上翩翩飞舞，美丽极了。有意思的是，一旦沉沉的黑夜逝去，它的花朵好像完成了历史使命，很快就凋谢了。

也许正因为这种特殊的习性，人们送给它一个美丽的名称——夜皇后。

夜皇后为什么会在夜间闪闪发光呢？原来，这种花的花瓣和花蕊里，聚集了大量的磷。磷与空气接触就会发光，遇上阵阵吹来的海风，磷光变得忽明忽暗，很像萤火虫在闪光。这时，夜晚出来活动的昆虫，见到光亮，向花儿飞去，帮助夜皇后传播花粉，繁衍后代。夜皇后的花朵放光，实际上也是它适应环境的一种特别手段。

植物发光的确是难得一见的新奇事，因此常常引起许多迷信说法，使人感到恐惧不安。其实，对它们真正了解后，非但不可怕，对我们人类反而大有用处。

这样的例子有很多，例如，在人体伤口涂上感染发光细菌，到了夜晚，伤口处会发出荧光，控制其他有毒细菌繁殖，促使伤口加快愈合。

药物学家在试验麻醉剂等药物效用时，也常常用发光细菌发的光度作为指标。近年来，人们还用亮菌制成各种药品，用来治疗胆囊炎、急性传染性肝炎等疾病，效果令人满意。

植物的化学武器

植物的化学武器种类很多，而且它们几乎都是有机物，属于酸类的有香草酸、肉桂酸、乙酸和氢氰酸等，属于生物碱类的有奎宁、丹宁、小檗碱、核酸和嘌呤等，属于醌类的则有胡桃醌、金霉素和四环素等，属于硫化物的有萜类、甾类、醛、酮和卟啉等，这些化学武器大多集中在植物的根、茎、叶、花、果实及种子中，随时随地都可以释放出来。

生物学家把植物产生、对本身生长并无多大关系的物质叫做次生物质。100 多年来，植物学家已经查明了包括单萜在内的 10000 多种次生物质的化学结构，并进一步设法弄清这些次生物质的生物合成过程，他们认为次生物质实际上是植物对付复杂环境的一种有力武器。有些植物合成的次生物质含单宁、生物碱、萜类、甾类或其他有机物。这些化学物质有的发苦，有的会毒害神经，从而有效地防止食草动物对植物的伤害，有的还会抑制其他植物的生长。例如，大麦根部能分泌芦竹碱和大麦芽碱，胡桃叶能合成胡桃醌，这些物质都能抑制其他植物的生长。

动物学家发现，植物的次生物质还能帮助动物渡过难关。如有一类植物能分泌有毒的强心苷，斑蝶在它的叶片上产卵，卵孵化成幼虫，长成成虫，体内已积累了大量强心苷，而鸟类不愿吃含有强心苷的虫子。这样，幼虫便得以保留下来。

自 20 世纪 60 年代科学家从未成熟的豌豆荚中提取出豌豆素（一种植物防卫素）起，人们已经从 17 个科共 200 多种植物的次生物质中提取出植物防卫素。平时，植物并不合成植物防卫素，当病原菌入侵或植物表面受伤时，有抗病能力的植株在数小时内就迅速合成防卫素。

植物的次生物质对其他植物未必都是不利的。例如，棉花、小麦的根系分泌物能促进豆科植物根瘤菌的生长，春小麦的分泌物能抑制蚕豆细菌病的发展，所以种植棉花、小麦以后，最好在周围种上豆科植物。

大蒜和洋葱的体内含有一种杀菌素，若把它们和大白菜、卷心菜种在一起，就可以抵御细菌的侵袭。蓖麻发出的气味能使大豆的害虫不敢靠近，所以在大豆的旁边种蓖麻是十分合适的。大蒜和洋葱会分泌杀菌素，这种杀菌素可以抵御细菌的侵袭。所以，将大白菜和卷心菜种在大蒜和洋葱旁边也是不错的想法。

植物的次生物质还可以制成污染小或无污染、对害虫毒性大，但对高等生物毒性小的生物农药，用这种农药来防治害虫对环境污染小但效果显著。据不完全统计，目前科学家们已经发现1100余种对昆虫生长有抑制、干扰作用的植物次生物质，这些物质均能使害虫表现出拒食、驱避的现象，有的甚至能直接杀死害虫。含有这些次生物质的植物都可以被加工成生物农药。

从中我们可以看出，植物间的"化学战"使用的都是化学武器，而这些"化学武器"都是它们各自特有的化学分泌物质。植物的分泌物有极其重要的意义。我们常常利用植物特有的个性来防治病虫害和消灭田间杂草，对农业增值、减少使用农药、避免环境污染有着重要的意义。

例如，在大豆地里种上一些蓖麻，蓖麻的气味会使危害大豆的金龟子退避三舍。洋葱和胡萝卜间作，可以互相驱逐对方的害虫。

有些植物根部的分泌物，常常是消灭田间杂草的有力"武器"。例如，小麦可以强烈地抑制田菫菜的生长，燕麦对狗尾草也有抑制作用，而大麻对许多杂草都有抑制作用。

植物学家从楝科植物的体内提取出一种叫四环三萜的物质，这种物质可以直接破坏昆虫的表皮组织，使昆虫的身体溃烂，最终一命呜呼。除了楝科植物，人们还从雷公藤、苦皮藤、除虫菊和黄杜鹃等植物中分离出效果明显的生物农药。我们完全有理由相信，只要继续深入研究，越来越多的生物农药一定会源源不断地被制造出来。

植物的两性之谜

植物的花有雌花、雄花之别，雌花能结实，雄花却不能。

对于植物性别我们的祖先早有所认识，在我国最早的一部农书《齐民要术》上就记载有公元5世纪以前黄河流域的农业生产情况，明确地提到"白麻子为雄麻"，知道植物有雄、雌两性。

显微镜的发明，大大开阔了人们的眼界。人们通过显微镜观察了植物性细胞，进一步认识了植物传粉、受精等生命现象。直到19世纪中叶人们才普遍确认花是植物的有性繁殖器官，植物有两性之分，两性之谜才最终得到了科学的答案。

植物的两性是怎么构成的呢？雄性器官是雄蕊，雄蕊由花丝和花丝上面长的花药组成，花药里面长有花粉。当花药成熟时，花粉从里面散发出来。花粉粒是具有两层厚壁的圆形细胞，里面有营养核和生殖核，但是花粉还不是精子，花粉萌发时，从萌发孔上长出花粉管，两个核移到管内，营养核就促进花粉管的生长，生殖核又分裂成两个核，变成了有性的生殖细胞——精子，它们参加受精作用。

花的雌性器官是雌蕊，雌蕊由花柱和它上面的柱头及下面的子房组成。子房内含有胚珠。胚珠可能有不同的数目——从一个到多个。花柱有长有短，它上面膨大的部分是柱头，柱头表面凹凸不平，形状也一样。我们把胚珠放在显微镜下观察，可以看到里面有胚囊。在开花之前，旺囊中心的核开始分裂，最后分成八个新核，其中留下两个，在接近珠被还没有接合很好的那一端，中间的是卵细胞，它自接参加受精作用，其余五个起辅助作用。最后，留在中央的两个核，互相愈合。产生了极端。

如果花粉落到雌蕊柱头上，它便在柱头上发芽，生出花粉管，沿着花柱向下迅速地生长。通过消化作用，使柱头和花柱组织受到破坏，花粉管就伸入子房，到达胚珠。再通过珠被没有充分接合的孔口，到达胚囊壁。当花粉管贯穿胚囊壁的时候，顶端开始破裂，精子从那里滑出来。其中一个走向卵细胞，与它结合，形成了胚，这就是受精作用。第二个精子，更深入胚囊，接近了囊中的极核，与它们结合形成了胚乳。

这就是植物的两性和两性的结合过程。

植物的性别主要是由遗传决定的，但外界条件能够动摇遗传而改变植物的性别。如杜仲的绿枝，在强烈修剪的影响下，在雄株上可能出现雌性花。另外，干燥的瓜类植物种子在高温的条件下可以较早出现雌性花。

植物的全息现象

在物理学上，全息的概念是明白易懂的。例如，一根磁棒将它折成几段，每根棒段的南北极特性依然不变，每个小段与它原来的整根棒全息。但是，"生物全息"的概念，可能还没有被人们熟知。所谓"生物全息"，就是生物体每个相对独立的部分，在化学组成模式上与整体相同，是整体的成比例地缩小。

植物的全息现象，在大自然中，已从形态、生物化学和遗传学等方面找到了论证的实例。你注意过马路边的棕榈树吗？它的一片叶子，由蒲扇似的叶片和长长的叶柄组成，仔细观察一下叶子的整个外形，当把它竖在地上与全株外形相比时，就会发现，它们的外形是多么的一致，只是比例的大小不同而已。一个梨子，它的外形与它的整棵树形吻合。叶脉分布形式与植株分枝形式也全息相关，如芦苇、小麦等具平行叶脉的植物，它们都是从茎的基部或下部分枝，主茎基本五分枝；相反，叶脉为网状的植物，则它们的分枝多呈网状。在植物的生化组成上，也有明显的全息现象。例如，高粱一片叶上的氰酸分布形式与整个植株的分布形式相同。在整个植株上，上部的叶含氰酸较多，下部的叶含氰酸较少；在一片叶上，也是上部含量较多，下部含量较少。

更有趣的是，当进行植物离体培养时，人们也发现了植物

的全息现象。若将百合的鳞片经消毒用来离体培养，发现在鳞片的基部较易诱导产生小鳞茎，即使把鳞片从上到下切成数段，同样发现小鳞茎的发生都是在每个离植段基部首先产生，且每段鳞片上诱导产生小鳞茎的数量，遵循由下至上递增的规律。这种诱导产生小鳞茎的特性与整株生芽特性相一致，呈全息对应的关系。在植物组织培养过程中，以大蒜的蒜瓣、甜叶菊、花叶芋和彩叶草等多种植物叶片为外植体，进行同样的试验观察时，都能见到这种全息现象。

植物全息的规律应用于农作物的生产实践，已产生了惊人的效果，例如马铃薯的栽种，习惯以块茎上的芽眼挖下作"种子"。但有史以来，人们并没有考虑到块茎上芽眼之间的遗传势差异。根据植物全息的原理，想来这些芽眼之间必定会有特性的区别。马铃薯在全株的下部结块茎，对于全息对应的块茎来说，它的下部（远基端）芽眼结块茎的特性也一定较强。于是，为了证实上述的想法，科学家做了系统的试验，分别以"蛇皮粉"、"同薯 8 号"、"跃进"、"68 红"和"621X 岷 15"等 5 个马铃薯品种的块茎为材料，将它们的芽眼切块分成远基端芽眼和近基端芽眼两组，进行种植比较试验。实验结果，以5 个品种远基端芽眼切块制种生产时，各个品种都增产，平均增产达 19.2%。

人们在长期的生产实践中，个别的生产措施，也是符合生物全息规律的，只不过未意识到这点罢了。例如，我国不少地区种植玉米的农民，他们在留种时，习惯把玉米棒上中间（或偏下）的籽粒留下作种，而把两端的籽粒去除，确保玉米的年年丰收。这种玉米籽粒的留种方法是符合生物全息规律的。因为玉米棒子是在植株的中间或偏下部分着生的，而作为植株对应全息的玉米棒，其中间（或偏下）着生的籽粒，在遗传上也具有一定的优势。经试验，以这种方法制种，的确可以增产 35.47%。

全息生物学观点的提出，虽然只有短短的几年，但已引起不少人的强烈兴趣。目前，植物全息现象的观察研究，正如火如荼地进行着，无数未解之谜还有待人们去揭开。

 # 植物的睡眠之谜

植物睡眠在植物生理学中被称为睡眠运动，它不仅是一种有趣的自然现象，而且是个科学之谜。

每逢晴朗的夜晚，我们只要细心观察，就会发现一些植物已发生了奇妙的变化。比如常见的合欢树，它的叶子由许多小羽片组合而成，在白天舒展而又平坦，一到夜幕降临，那无数小羽片就成双成对地折合关闭，好像被手碰过的含羞草。

有时，我们在野外还可以看到一种开紫色小花、长着 3 片小叶的红三叶草，白天有阳光时，每个叶柄上的叶子都舒展在空中，但到了傍晚，3 片小叶就闭合起来，垂着头准备睡觉。花生也是一种爱睡觉的植物，它的叶子从傍晚开始，便慢慢地向上关闭，表示要睡觉了。以上所举实例仅是一些常见的例子，事实上，会睡觉的植物还有很多很多，如酢浆草、白屈菜、羊角豆等。

不仅植物的叶子有睡眠要求，就连娇柔艳丽的花朵也需要睡眠。生长在水面的睡莲花，每当旭日东升之时，它那美丽的花瓣就慢慢舒展开来，似乎刚从梦境中苏醒，而当夕阳西下时，它又闭拢花瓣，重新进入睡眠状态。由于它这种"昼醒晚睡"的规律性特别明显，故而得有"睡莲"芳名。

各种各样的花儿，睡眠的姿态也各不相同。蒲公英在入睡时，所有的花瓣都向上竖起闭合，看上去像一个黄色的鸡毛帚。胡萝卜的花则垂下来，像正在打瞌睡的小老头。

植物的睡眠运动会对它本身带来什么好处呢？最近几十年，科学家们围绕着这个问题，展开了广泛的研究。

最早发现植物睡眠运动的是英国著名的生物学家达尔文。100多年前，他在研究植物生长行为的过程中，曾对69种植物的夜间活动进行了长期观察。当时虽然无法直接测量叶片的温度，但他断定，叶片的睡眠运动对植物生长极有好处，也许主要是为了保护叶片抵御夜晚的寒冷。

达尔文的说法似乎有一定道理，但缺乏足够的证据，所以一直没有引起人们的重视。20世纪60年代，随着植物生理学的高速发展，科学家们开始深入研究植物的睡眠运动，并提出了不少解释理论。

最初，解释植物睡眠运动的最广泛的理论是"月光理论"。提出这个论点的科学家认为，叶子的睡眠运动能使植物尽量少地遭受月光的侵害。因为过多的月光照射，可能干扰植物正常的光周期感官机制，损害植物对昼夜变化的适应。然而，使人们感到迷惑不解的是，为什么许多没有光周期现象的热带植物，同样也会出现睡眠运动，这一点用"月光理论"是无法解释的。

　　后来科学家又发现，有些植物的睡眠运动并不受温度和光强度的控制，而是由于叶柄基部中一些细胞的膨压变化引起的。如合欢树、酢浆草、红三叶草等，通过叶子在夜间的闭合，可以减少热量的散失和水分的蒸发，尤其是合欢树，叶子不仅仅在夜晚关闭睡眠，当遭遇大风大雨时，也会逐渐合拢，以防柔嫩的叶片受到暴风雨的摧残。这种保护性的反应是对环境的一种适应。

　　科学家们提出一个又一个观点，但都未能有一个圆满的解释依据。正当科学家们感到困惑的时候，美国科学家恩瑞特在进行了一系列有趣的实验后提出了一个新的解释。他用一根灵敏的温度探测针在夜间测量多种植物叶片的温度，结果发现，呈水平方向（不进行睡眠运动）的叶子温度，总比垂直方向（进行睡眠运动）的叶子温度要低1℃左右。恩瑞特认为，正是这仅仅1℃的微小温度差异，已成为阻止或减缓叶子生长的重要因素。因此，在相同的环境中，能进行睡眠运动的植物生长速度较快，与其他不能进行睡眠运动的植物相比，它们具有更强的生存竞争能力。

　　随着研究的深入，科学家还发现了植物竟与人一样也有午睡的习惯。

　　植物的午睡是指中午大约11时至下午2时，叶子的气孔关闭，光合作用明显降低这一现象。科学家认为，植物午睡主要是由于大气环境的干燥和火热引起的，为了减少水分散失，在不良环境下生存，植物在长期进化过程中形成了这种抗衡干旱的本能。

植物的相生相克

植物的相克相生作用，又称化感作用。它是指一种植物通过对其环境释放的化感作用物质对另一种植物或其自身产生直接或间接、有利或有害的效应。

植物之间相互作用，在自然的或人工的生态系统有重大的影响，有些植物种类能够"和平相处、共存共荣"，有些植物种类则"以强凌弱、水火不容"。

苦苣菜是欺弱称霸的典型。它是一种杂草，可是你千万别小看它，它竟敢欺侮比它高大的玉米和高粱。在玉米或高粱地里，如果苦苣菜成群，它们就会称王称霸，并将玉米或高粱置于死地。苦苣菜使用的法宝就是它们根部分泌的一种毒素，这种毒素能抑制和杀死它周围的作物。

在葡萄园的周围，如果种上小叶榆，葡萄就会遭殃，小叶榆不容葡萄与它共存，它的分泌物对于葡萄是一种严重的威胁，因此，葡萄的枝条总是躲得远远的，背向榆树而长。如果榆树离葡萄太近，那么，榆树分泌物的杀伤力就更大，葡萄的叶子就会干枯凋萎，果实也结得稀稀拉拉。如果葡萄园周围是榆树林带，距离榆树林带数米的葡萄几乎全被它们害死。

在果园里，核桃树对苹果树总是不宣而战，它的叶子分泌的"核桃醌"偷偷地随雨水流进土壤，这种化学物质对苹果树的根起破坏作用，导致其细胞质壁分离。因此，苹果树的根就

青少年感兴趣的 100 个植物奥秘

难以成活。此外，苹果树还常受到树荫下生长的苜蓿或燕麦的"袭击"，使苹果树的生长受到抑制。

在植物界也有双方两败俱伤的情况。水仙花和铃兰花都是人们喜爱的花卉，如果把它们放在一起，双方就会发生一场激战。双方散发的香味都是制服对方的"武器"，谁也不示弱，都想把对方制服，结果弄得两败俱伤，双双夭折。

当然，盆花的种植，由于不种在同一盆钵中，因此可不考虑根系分泌物的影响，只需考虑叶子或花朵、果实的分泌物对放在同一室内的其他花卉之影响。如丁香和铃兰不能放在一起，即使相距20厘米，丁香花也会迅速萎蔫，如把铃兰移开，丁香就会恢复原状；铃兰也不能与水仙放在一起，否则会两败俱伤，铃兰"脾气"特别不好，几乎跟其他一切花卉都不够"友善"。丁香的香味对水仙花也不利，甚至会危及水仙的生命。丁香、紫罗兰、郁金香和毋忘我不可种养在一起或插在同一花瓶内，否则彼此都会受害。此外，丁香、薄荷、月桂能分泌大量芳香物质，对相邻植物的生态有抑制作用，最好不要与其他盆花长时间摆放一块。桧柏的挥发性油类，含有醚和三氯四烷，会使其他花卉植物的呼吸减缓、停止生长，呈中毒现象。桧柏与梨、海棠等花木也不摆在一块，否则易使其"患上"锈病。再则，成熟的苹果、香蕉等，最好也不要与含苞待放或正在开放的盆花（或插花）放在同一房间内，否则果实产生的乙烯气体也会使盆花早谢，缩短观赏时间。

有些植物之间，由于种类不同、习性互补，叶片或根系的分泌物可互为利用，从而使它们能"互惠互利、和谐相处"。如在葡萄园里栽种紫罗兰，结出的葡萄果实品质会更好，大豆与蓖麻混栽，危害大豆的金龟子会被蓖麻的气味驱走。

能够友好相处的花卉种类有：百合与玫瑰种养或瓶插在一起，比它们单独放置会开得更好；花期仅1天的旱金莲如与柏树放在一起，花期可延长至3天；山茶花、茶梅、红花油茶等，与山苍子摆放在一起，可明显减少霉污病。

目前发现的相克物质，大多是次生代谢物质。一般分子量都较小，结构也比较简单。主要有简单水溶性有机酸、直链醇、脂肪族醛和酮，还有简单不饱和内脂、长链脂肪酸和多炔，萘醌、蒽醌和复合醌，简单酚、苯甲酸及其衍生物，肉桂酸及其衍生物，香豆素类、黄酮类、单宁、类萜和甾类化合物，氨基酸和多肽，生物碱和氰醇，硫化物和芥子油，嘌呤、核苷等。其中以酚类和类萜化合物最为常见，而乙烯又是相克相生作用的代表性化合物。

植物的血液和血型

人们都知道，人和动物都有血液，但很少有人知道植物也有"血液"。在世界上许多地方，都发现了洒"鲜血"和流"血"的树。

我国南方山林的灌木丛中，生长着一种常绿的藤状植物——鸡血藤。它总是攀缘缠绕在其他树上，每到夏季，便开出玫瑰色的美丽花朵。当人们用刀子把藤条割断时，就会发现，流出的液汁先是红棕色，然后慢慢变成鲜红色，跟鸡血一样，所以叫"鸡血藤"。经过化学分析，发现这种"血液"里含有鞣质、还原性糖和树质等物质，可供药用，有散气、去痛、活血等功用。它的茎皮纤维还可制造人造棉、纸张绳索等，茎叶还可做灭虫的农药。

南也门的索科特拉岛，是世界上最奇异的地方，尤其是岛上的植物，更是吸引了世界各地的植物学家。据统计，岛上约有200种植物是世界上任何地方都没有的，如"龙血树"。它分泌出一种像血液一样的红色树脂，这种树脂被广泛用于医学和美容。这种树主要生长在这个岛的山区。关于这种树，在当地还流传着一种传说，说是在很久以前，一条大龙同这里的大象发生了战斗，结果龙受了伤，流出了鲜血，血洒在这种树上，树就有了红色的"血液"。

英国威尔士有一座公元6世纪建成的古建筑物，它的前院耸立着一株700多年历史的杉树。这株树高7米多，它有一种奇怪的现象，长年累月流着一种像血一样的液体，这种液体是从这株树的一条2米多长的天然裂缝中流出来的。这种奇异的现象，每年都吸引着数以万计的游客。这棵杉树为什么流"血"，引起了科学家们的注意。美国华盛顿国家植物园的高级研究员特利教授对这棵树进行了深入研究，也没找到流"血"的原因。

说来有趣，关于植物的血型，竟是日本一位搞警察工作的人发现的。他的名字叫山本，是日本科学警察研究所法医，第二研究室主任。他是在1984年5月12日宣布这一发现的。

一次，有位日本妇女夜间在她的居室死去，山本赶到现场，一时还无法确定是自杀还是他杀，便进行血迹化验。经化验死者的血型为 O 型，可枕头上的血迹为 AB 型，于是便怀疑是他杀。可后来一直未找到凶手作案的其他佐证。这时候有人随便一说，枕头里的荞麦皮会不会是 AB 型呢？这句话提醒了山本，他便取来荞麦皮进行化验，果然发现荞麦皮是 AB 型。

这件事引起了轰动，促进了山本对植物血型的研究。他先后以 500 多种植物的果实和种子进行观察，并研究了它们的血型，发现苹果、草莓、南瓜、山茶、辛夷等 60 种植物是 O 型，珊瑚树等 24 种植物是 B 型，葡萄、李子、荞麦、单叶枫等是 AB 型，但没找到 A 型的植物。

根据对动物界血型的分析，山本认为，当糖链合成达到一定的长度时，它的尖端就会形成血型物质，然后合成就停止了，也就是说血型物质起了一种信号的作用。正是在这时候，才检验出了植物的血型。山本发现，植物的血型物质除了担任植物能量的贮藏外，由于本身黏性大，似乎还担负着保护植物体的任务。

人类血型是指血液中红血球细胞膜表面分子结构的型别。植物有体液循环，植物体液也担负着运输养料、排出废物的任务，体液细胞膜表面也有不同分子结构的型别，这就是植物也有血型的秘密所在。但植物体内的血型物质是怎样形成的，以及植物血型对植物生理、生殖及遗传方面的影响，到现在还没完全弄明白，需要人们继续研究探讨。

植物的自然克隆

克隆是指一个个体不通过性细胞的结合便产生多个后代，形成一个无性繁殖系。克隆的后代在遗传性长是相同的，例如吊兰从花盆里长出许多小的相同个体，这种自然的克隆现象，在植物界是很多的。例如阔叶落地生根即使已经有 8 个月没浇水了，按理说会枯死了，可是就在枯死的叶片先端又长出了新的植株，老株死了，新的一代生命又生机勃勃地开始了。它和棒叶落地生根一样，能在叶片边缘或先端长出多个小植株。一盆吊挂着的植物叫翡翠景天，花工叫它松鼠尾，它的叶片稍被碰擦就掉下来了，然后每一个叶片都可能长成一个新的植株，这些都是植物的自然克隆现象。那里长着一片地笋，用力拔起一株，下面带着几段小指般粗的茎，地笋用这样的办法可以由一株繁殖出多个植株。在山区我们还能见到一株株开小红花的植株，这种植物叫草石蚕，它的地下也有膨大的根状茎，挖出来一看，见到一颗颗像白玉般晶莹剔透的根状茎，我们平时吃的酱菜——螺丝菜，就是用它膨大的根状茎腌制成的。如果在马铃薯地里轻轻刨开土壤，发现有乳白色的细丝，到了末端就长着一个个膨大的球，细细一看，确实是正在生长的马铃薯，原来一株马铃薯下面可以长出许多个块茎，这确实是一种繁殖的方式——克隆。

在池塘边那里长着荸荠，挖起几个洗干净后，发现一个荸

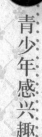

荸就是一个球茎，呈扁球形，底下一个疤，是和去年地下茎相连处，上面长着好几个芽，球茎上环状的条纹就是它的节，节上长有退化成薄膜状的叶，顶上的芽萌发后，向上伸出圆柱状的叶，向下生出不定根，类似的现象还很多，像慈姑、莎草、芋艿都有这种现象。

薯蓣科植物常有的现象是它们会在叶腋里长出一个个小的块茎，条件合适时，就各自发育成新的植物体，这种小块茎通常称为零余子。

为什么植物能自然克隆呢？要知道植物体长成以后，除了生长点的细胞没有分化以外，所有的细胞都已分化成各种组织，植物的自然克隆证明了一条真理：细胞具有全能性，即使已经分化成某一种专门功能的成熟细胞内，还是含有这个物种的全部信息，只要条件合适就可能进一步分裂复制出一个个新的个体。早在几十年前，人们就将一些珍稀的植物的叶片、花药、茎段、茎尖等进行组织培养，从而培育出千千万万株遗传性相同的后代。农民在生产实践中将马铃薯、番薯切成几块播种，将名贵的花卉、水果进行扦插或嫁接，都是人工地进行克隆，它们的优点就是保留了作物的优良性状，扩大了个体数量，尤其是在条件不适合的地区植物不能开花或不能充分结实情况下，开辟了一条扩大种植的有效途径。

植物的自卫之谜

人们都知道，动物都有自己的防御武器，但人们也许不会想到，植物也有保护自己的防御武器。

就拿仙人掌来说吧，它们的老家本来在沙漠里，由于那里干旱少雨，它的身体里贮存了很多水分，外面长了许多硬刺。如果没有这些刺，沙漠里的动物为了解渴，就会毫无顾忌地把仙人掌吃掉。有了这些硬刺，动物们就不敢碰它们了。田野里的庄稼也是这样，稻谷成熟的时候，它的芒刺就会变得更加坚硬、锋利，使麻雀闻到稻香也不敢轻易碰它，连满身披甲的甲虫也望而生畏。植物身上长的刺，就像古代军队使用的刀剑一样，是一种原始的防御武器。

而蝎子草的武器更先进了。这是一种荨麻科植物，生长在比较潮湿和荫凉的地方。蝎子草也长刺，但它的刺非常特殊，刺是空心的，里面有一种毒液，如果人或动物碰上，刺就会自动断裂，把毒液注入人或动物的皮肤里，引起皮肤发炎或瘙痒。这样一来，野生动物就不敢侵犯它们了。

植物体内的有毒物质，是植物世界中最厉害的防御武器。龙舌兰属植物含有一种类固醇，动物吃了以后，会使它的红血球破裂，死于非命。夹竹桃含有一种肌肉松弛剂，别说昆虫和鸟吃了它，就是人畜吃了也性命难保。巴豆全身都有毒，种子含有的巴豆素，毒性更大，吃了以后会引起呕吐、拉肚子，甚至休克。

为了抵御病菌、昆虫和鸟类的袭击，一些植物长出了各种奇妙的器官，就像我们人类的装甲一样。比如苹果和西红柿，它们就用增厚角质层的办法，来抵抗细菌的侵害。抗虫玉米的装甲更先进，它的苞叶能紧紧裹住果穗，把害虫关在里面，叫它们互相残杀。

有的植物还拥有更先进的生物化学武器。它们体内含有各种特殊的生化物质，昆虫吃了以后，会引起发育异常，不该蜕皮的，蜕了皮；该蜕皮的，却蜕不了皮；有的干脆失去了繁殖能力。20多年来，科学家曾对1300多种植物进行了研究，发现其中有200多种植物含有蜕皮激素。由此可见，植物世界早就知道使用生化武器了。

在军事强国正在研制的非致命武器中，有一种特殊的胶剂，把它洒在机场上，可以使敌人的飞机起飞不了；把它洒在铁路上，可以使敌人的火车寸步难行。让人惊奇的是，有一种叫瞿麦的植物，也会使用这种先进武器，这种植物特别像石竹花。当你用手拔它的时候，会感到黏糊糊的。原来在它的节间表面，能分泌出一种黏液，像抹上了胶水一样。它可以防止昆虫沿着茎爬上去危害瞿麦上部的叶和花。当虫子爬到有黏液的地方，就被粘得动弹不得了，不少害虫就因此丧了命。

这些植物是怎样知道制造、使用和发展自己的防御武器的呢？探索和揭开这里面的奥秘，是非常有意义的。

 # 植物开花之谜

自然界中，一年四季都有绚丽多姿的鲜花。桃花红、梨花白，杏花粉红，金钟花灿黄……五颜六色，争芳斗艳。尤其是盛花季节，有的浓妆艳抹，有的淡雅清新，有的娇媚动人，有的大方朴素，有的线条粗犷，有的玲珑细致，美不胜收，令人陶醉。

这些娇艳芬芳的花是怎样形成的呢？在古代曾经流传着各种各样神奇的传说。其实。从生物生理学的角度来看，花和叶子没有什么差别，花就是叶子，是叶子变来的。我们现在还可以看到半叶半花的植物，叶子之所以衍变成花，其目的是为了传宗接代、繁衍子孙，这部分叶片及其中的雌蕊雄蕊，就好比是高级动物的生殖器官。

在地球上生长着千千万万种植物，它们都在特定的条件下开放出奇花异葩。那么植物的开花究竟是受什么因素影响和控制的呢？在19世纪就有人提出：植物体内有一种特殊的"特殊物质"在左右着植物的开花。可是这个假说，经过不少科学家的探索都没有得到最后的证实。1903年，有位植物学家认为植物开花可以用人为条件控制。他把香连绒草放在弱光下栽培，只见它长呀长呀，但是就是不肯开花。后来，把它搬到了阳光充足的地方，它很快就开出了花。为什么阳光能够促使植物开花呢？为了弄清楚这个问题，他做了一个实验，把1株植物的一部分枝条放在暗箱里，把其余的枝条放在暗箱里，而把其余的枝条放在阳光下，经过光合作用，叶片里的糖积累多了，这株植物的所有枝条上都开了花。以后他对果树多施氮肥，结果果树反而不开花了，这说明只有细胞内糖的积累比氮多时，花朵才会开放。后来不少植物学家用其他植物作材料重复了这个试验，都得到了相同的结果。因此，糖氮比学说得到了许多人的赞同。

但是，植物学家又对植物开花提出了新的看法，1918年有两位植物学家发现了一种马里兰巨象烟草，它不像一般烟草那

样在夏天开花，而只见其生长其开花。后来把它移栽到花盆里，改放在温室中，它却在冬季开花了。是温度差异还是光照时间短在拨动着花儿的"开关"呢？于是他们继续做了 2 个实验：其中 1 人在烟草田里搭起了 1 间小木屋，在光照较长的 7 月里，每天下午 4 时把盆栽的马里兰巨象烟草搬到屋子里面。第二天上午 9 时再把它搬到屋子外面，不久它终于在夏季开花了。另外一个是把 1 盆同样的烟草放在温室里，每天也延长光照时间，结果却不开花。实验证明，温度高低、光照长短对植物开花起着奇妙的作用。

除了温度与光照外，影响与控制植物开花是否还有其他因素呢？

1959 年又有人发现植物中有一种光敏素，能使叶子产生激素，促进植物开花。20 世纪 70 年代，植物学家又提出了植物开花与体内细胞液浓度有关的观点。一棵苹果树要经过 4~5 年才能开花，可是植物学家却能使一年生的小苹果苗挂满鲜花。方法是在夏秋季节给它施上比平时多 3 倍的矿质肥料，树苗上的芽就能摇身一变成为花芽了。这表明细胞液的浓度越高，花朵就会开得越早。不久前又有人认为，花朵形成是由于植物生长素在幕后操纵。如果把树上幼果能长种子的果心部分切掉后，能让它留在树上，在同一短枝上又会长出新的花芽，如果在这个动过手术的果子里放一块浸有生长素的棉花，那么在同一短枝上就不会有花芽发生了。所以，有人认为果实种子中产生的天然素会阻止花芽的形成。不过又有实验证明，生长素只对短日照植物的开花起抑制作用，但对长日照植物的开花却起着促进作用。日本科学家还直接从一种叫做白犬茅的杂草上找到了对花朵有催放作用的物质。他们把白犬荠的花蕾、花朵和种子放在一起研碎、过滤，将各种成分一一分离，分别以 0.5% 的比例搅拌到水中，再重新浇灌到白犬荠的植株上，结果有一种成分使开花时间比正常培育的对照组早了 5 天。这种成分就是对开花起了促进作用的成花素，它作用于遗传基因，可使植物提前进入开花期。

由此可见，植物的花朵的形成是个非常复杂的生理现象，它是由多种方面的因素决定的。当然，这并不是指某一种植物，而是对所有植物而言的。即使是对单一的温度条件来说，开花植物又有高温类、中温类、低温类的区分，从对光照的要求而言，又有长日照类、短日照类、中日照类的区分。只要我们掌握了这些规律，就可以人为地调节这些因素改变植物开花时间。

 # 植物为什么会有各种味道

人们常说："青菜萝卜，各人所爱。"这就是说，因为它们的味道不同，所以有的人爱吃青菜，而有的人爱吃萝卜。植物怎么会有各种不同的味道呢？这是因为植物的细胞里含有的化学物质各不相同。

许多水果都有甜味，一些蔬菜如甜菜也有甜味，这是由于它们的细胞里都含有糖类。如葡萄糖、麦芽糖、果糖、蔗糖，尤其是蔗糖，味道更是甜津津的。甘蔗里就含有大量的蔗糖，不仅大人小孩都喜欢吃，它还是制造食糖的主要原料。

有的水果很酸很酸。由成语"望梅止渴"，我们可以想象得出酸溜溜的梅子味道。买橘子的时候，人们常常会问，这橘子酸不酸？植物中的酸味，是由于它们细胞里的一些酸类物质在起作用，如醋酸、苹果酸、柠檬酸……柠檬就像是柠檬酸的仓库。

人们一般不爱吃苦的植物，但有时却必须吃一点，因为"良药苦口利于病"嘛。植物中很有名气的黄连，就是很苦很苦的良药。有一句谚语说："哑巴吃黄连——有苦说不出。"黄连的苦味就是来源于它细胞内的黄连碱。百合、莲心都有苦味，也是因为细胞内含有某些生物碱而造成的。

辣椒的辣味，人人都领教过。不过有人喜辣有人怕。四川人、湖南人几乎每顿饭、每样菜都要来点辣的，而江南一带的人一般不习惯吃辣。辣椒内因含有辛辣的辣椒素才变得这么辣，而生的萝卜也有辣味，则是因为它含有一些容易挥发的芥子油。

涩味，几乎没有人喜欢。不过许多人都爱吃的红澄澄的柿子有时却带点涩味，尤其是没熟透的柿子或靠近柿子皮的地方涩味更浓一些。那是一种叫单宁的物质在捣蛋。

植物中含有那么多不同的物质，形成了各种各样的味道，足够让我们"大饱口福"。

植物万紫千红的秘密

阳春桃李盛开，盛夏娇荷满池，晚秋百菊争艳，严冬红梅斗寒，绚丽多姿的花儿使自然界特别美妙动人。每当春回大地，万物萌动，放眼望去，黄色的迎春花、浅红色的樱花、粉红色的桃花、紫红色的紫荆，无不纷纷绽放。

自然界万紫千红、绚烂多姿的秘密在哪儿呢？这是由于它们的细胞里存在着一批色素的缘故。叶子里含有大量的叶绿素，所以使得大批叶子都呈现绿色，春天来到以后，大地就呈现绿油油的一片了。

大地回春之时，百花开放，万紫千红，因为花瓣里含有一种叫做"花青素"的色素。它遇到酸性物质就变成红色，遇到碱性物质就变成蓝色。由于酸、碱浓度不同，所以花呈现的颜色深浅也不一样，有的浓些，有的淡些。

有些花、果实的颜色是黄的、橙黄的，这是由于花中含有另一种色素"胡萝卜素"所导致的结果。胡萝卜素最初是在胡萝卜里发现的，共有 60 多种，所以叫做胡萝卜素。它和极淡的花青素配合，就变成橙色。含有胡萝卜素的花、果实能变得五彩斑斓，这完全是花青素和其他色素的化合及花青素含量的多少所造成的。

白花是花里含有白色素而呈现白色吗？其实，白色花中什么色素也没有。它之所以呈现白色，是由于花瓣里充满了小气

泡的缘故。如果你拿一朵白色的鲜花来，用手捏一捏花瓣，把里面的小气泡挤掉，它就变成无色透明的了。

各种花果的颜色像"变色龙"一样不断地发生变化。杏花在含苞待放时是红色，开放以后逐渐变淡，最后完全变成了白色。这看起来似乎很神秘，其实是花瓣里的色素随着温度和酸、碱浓度的变化而变化的结果。还有一些花，在受精以后改变颜色。如海桐花，本来是白色的，受精以后就变成黄色了。这也是色素变化的结果。

 # 植物性变之谜

在美国缅因州和佛罗里达州的森林里，生长着一种叫做印度天南星的有趣植物，它四季常绿，在长达 15～20 年的生长期中，总是不断地改变着自己的性别；从雌性变为雄性，又从雄性变为雌性。

大多数植物都是雌雄同株的，在一株植物体上既有雌花又有雄花，或者一朵花中同时有雌雄器官，而印度天南星却不断改变性别。

早在 20 世纪 20 年代，植物学家就发现了印度天南星的这种性变现象，可是长期以来，人们猜不透其中的奥妙。据美国一些植物学家研究发现，中等大小的印度天南星通常只有一片叶子，开雄花。稍大一点的有两片叶子，开雌花。而在更小的时候，它没有花，是中性的，以后既能转变为雄性，也能转变成雌性。经过进一步的观察，他们又发现，当印度天南星长得肥大时，常变成雌性；当植物体长得瘦小时，又变成雄性。因此，他们认为：印度天南星的性变生理是植物"节省"能量，生存应变的策略。

原来，植物像动物一样，雌性植物产生后代所需要的能量远比雄性植物产生精子所需要的能量要多。印度天南星的种子比较大，消耗的能量比一般植物更多。如果年年结果，能量和营养都会入不敷出，结果会使植物越来越瘦小，甚至因营养不良而死去。所以，只有长得壮实肥大的植物才变成雌性，开花结果。结果后，植物瘦弱了，就转变为雄性，这样可以大大节省能量和营养。经过一年"休养"，待它们恢复了元气，再变成雌性，又开花结果。有趣的是，这种植物不光依靠性变来繁殖后代，还利用性变来应付不良环境。植物学家发现，当动物吃掉印度天南星的叶子，或大树长期遮挡住它们的光线时，印度天南星也会变成雄性。直到这种不良环境改善后，它们才变成雌性，繁殖后代。

 植物中的"大熊猫"

在动物王国中，胖胖圆圆的大熊猫，以其憨态可掬而备受人们的青睐。在科学研究上，它具有很高的科研价值，是动物世界里仅存的古代哺乳动物"活化石"。在国际市场上，不论你出多少价钱，就是见不到它的影子，真正称得上是无价之宝。

QINGSHAONIAN GAN XINGQU DE YIBAI GE ZHIWU AOMI

· 169 ·

银杉

大熊猫之珍贵自不待言。如今，在植物王国里有一种高大常绿树种，足以与大熊猫相媲美，它就是生于我国南疆大名鼎鼎的裸子植物——银杉，是我国八种国家一级保护植物之一，是各国植物学界公认的世界上最珍贵的植物之一。由于它给科学研究提供了第一手资料，而被赞誉为"活化石"，有的人甚至亲切地称它为"植物中的熊猫"、"林海里的珍珠"等。对于这些赞誉银杉是当之无愧的。

银杉是怎样发现的呢？它是在 1955 年 4 月，由广西植物学家钟济新，率领调查队跋山涉水，风餐露宿，深入广西龙胜的花坪原始森林（即现在的花坪自然保护区）调查时发现的。经过一年多的采集、鉴定，在 1957 年由我国植物分类学家陈焕镛、匡可任两位教授确认并命名为银杉。当时，发现银杉的消息传出后，立刻引起世界各国植物学界的轰动，受到世界各国植物学家的高度重视，并认为这是 20 世纪 50 年代植物界的一件大喜事。此后不久，在我国的四川金佛山又发现了 400 多株银杉，以后在湖南新宁、贵州道真、广西金秀等处也陆续有所发现。尤其是 1986 年，在广西金秀县发现的 40 多株银杉，是世界上纬度最低的银杉群落，并且其中一株高达 31 米，胸茎 80 厘米，树龄 500 多年，真可谓是银杉之最。近年来，在三峡库区又发现了大量的裸子植物群落，其中也生存着银杉。据调查，到目前为止，我国共有生长着的银杉 2000 多株。

银杉属于裸子植物，松柏目，松科，银杉属。它是松科家族的一颗明珠，喜欢生活在日照少、湿度大、多雾雨、气温低、土壤排水透气性好、酸性、海拔 1000 米处的高山树林中，为四季常绿的针叶树，它的叶形状细长，呈线形，亮绿色，并在枝干上作螺旋状排列。叶的背面，生有两条银白色的气孔带，为银杉所特有，并由此而得名。银杉树身笔直、雄健，枝干平展，挺拔秀丽，树冠高于邻树，在林中脱颖而出，风吹树动，枝晃叶摇，银光闪闪，给人一种高雅华贵而不矫揉造作，洒脱风流而不落于凡俗的清新感觉，实是不可多得的观赏树种。

我国素有"裸子植物故乡"的美称。我国的裸子植物种类，约占全世界的一半，资源丰富，居世界之首。早在 1000 万年前，银杉在地球上生长十分茂盛，分布也很广，欧亚、北美都有大量的分布。只是到了两三百万年前，在第四纪冰川降临时，由于南欧山脉大多是南北走向，袭来的冰川，整个的覆盖了欧美各地，这样生活在欧美各地的银杉，由于不适应严寒的气候都遭到了毁灭，只有极少数形成化石而留存后世。因此，在德国和西伯利亚偶然发现了银杉的化石时，西方人便笑逐颜开如获至宝。殊不知，在中国，由于特殊的地理环境和间断性的高山冰川，使得一些低纬度、群山高耸、地形复杂的局部地方成了一些珍稀植物的避难所，得以让许多珍稀植物在冰川袭来时，仍可以在没有冰块的地方生存，也正是这种原因，我国得以保存的古代珍稀裸子植物的种类很多。银杉便是这些幸存者之中的一员。

致幻植物之谜

在古典小说中，常有用迷魂药使人昏迷不醒的描述。所谓迷魂药，实际上是一种或多种致幻植物的制剂。在自然界中，有不少植物，吃了它或闻到它的气味后，会使人产生幻觉，或麻木，沉睡于酣梦之中，或迷幻，进入一个离奇古怪的幻觉世界。这种植物被科学家们称为"致幻植物"。

在美国西南方的印第安部落里，生长着一种奇特的南美仙人掌。当人们摘取这种仙人掌的芽放进口中咀嚼时，会使头脑处于虚幻状态。

在墨西哥和古巴境内的印第安人居住区，生长着一种名叫光盖伞的毒蘑菇，人食用后会产生稀奇古怪的幻觉，感到个人与周围的环境完全脱离，好像超然于时空之外，眼前的世界是那样虚无缥缈，而幻景中的一切又是那么真实可信，从而胡言乱语，狂歌乱舞。

致幻植物何以使人产生幻觉呢？原来，在人的大脑和神经组织中，存在着一些特殊的化学物质——中枢神经媒介物质，如去甲肾上腺素、5—羟色胺、多巴胺，等等。这些中枢神经媒介物质像信使一样，忠诚地进行信息传递，担负着调节神经系统的机能活动和协调精神功能的重要使命。而多数致幻植物中含有不同种类的生物碱，它们的化学组成和5—羟色胺等的分子植物极其相似，因而在人体大脑中，鱼目混珠、以假乱真，参与和影响神经传递代谢活动，扰乱脑的正常功能，导致精神分裂症的出现，使人产生种种离奇古怪的感觉。由于致幻植物含的生物碱不同，以至出现形形色色的幻觉来，制造出一个光怪陆离的奇幻世界。

虽然科学家初步揭示了致幻植物使人致幻的原因，但产生各种各样梦幻的详细机理的环节仍谜一般地困扰着人们。

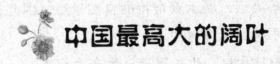

中国最高大的阔叶

我国著名的云南西双版纳热带密林中，在70年代发现了一种擎天巨树，它那秀美的姿态，高耸挺拔的树干，昂首挺立于万木之上，使人无法仰望见它的树顶，甚至灵敏的测高器在这里也无济于事。因此，人们称它为望天树。当地傣族人民称它为"伞树"。

望天树一般可高达60米左右。人们曾对一棵进行测量和分析，发现望天树生长相当快，一棵70岁的望天树，

望天树

竟高达50多米。个别的甚至高达80米，胸径一般在130厘米左右，最大可到300厘米。这些世上所罕见的巨树，棵棵耸立

于沟谷雨林的上层，一般要高出第二层乔木 20 多米，真有直通九霄，刺破青天的气势！

望天树属于龙脑香科，柳安属。柳安属这个家族，共有 11 名成员，大多居住在东南亚一带。望天树只生长在我国云南，是我国特产的珍稀树种。望天树高大通直，叶互生，有羽状脉，黄色花朵排成圆锥花序，散发出阵阵幽香。其果实坚硬。望天树一般生长在 700 ~ 1000 米的沟谷雨林及山地雨林中，形成独立的群落类型，展示着奇特的自然景观。因此，学术界把它视为热带雨林的标志树种。

望天树材质优良，生长迅速，生产力很高，一棵望天树的主干材积可达 10.5 立方米，单株年平均生长量 0.085 立方米，是同林中其他树种的 2 ~ 3 倍。因此是很值得推广的优良树种。同时，它的木材中含有丰富的树胶，花中含有香料油，以及还有许多其他未知成分，尚待我们进一步分析研究和利用。

由于望天树具有如此高的科学价值和经济价值，而它的分布范围又极其狭窄，所以被列为我国的一级保护植物。望天树还有一个极亲的"孪生兄弟"，名为擎天树。它其实是望天树的变种，也是在 70 年代于广西发现的。这擎天树的外形与其兄弟极其相似，也异常高大，常达 60 ~ 65 米，光枝下高就有 30 多米。其材质坚硬、耐腐性强，而且刨切面光洁，纹理美观，具有极高的经济价值和科学研究价值。擎天树仅仅发现生长在广西的弄岗自然保护区，因此同样受到严格的保护。

中药之王

人参有调气养血、安神益智，生津止咳、滋补强身的神奇功效，所以素被人们称为"神草"，被拥戴为"中药之王"。人参之所以如此神奇，是由于它含有多种皂苷以及配糖体、人参酸、甾醇类、氨基酸类、维生素类、挥发油类、黄酮类等，对于增强大脑神经中枢、延髓、心脏、脉管的活力、刺激内分泌机能、兴奋新陈代谢等，都具有很高的医疗作用。

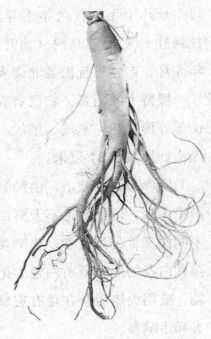

人参

人参是五加科多年生草本植物。它的茎约有四五十厘米高，有 2～5 个裂片，花很小，只有米粒般大，紫白色。药用部分主要是它的根。

中国是世界上最早产参用参的国家。中国最早的草药书《神农本草经》就已经提到了人参的名字。其后的历代名医如陶宏景、唐松敬、陈藏器、张仲景、李时珍等也都对人参作过高度评价。

东北是我国人参最著名的产区，主要分布在吉林东部和长

白山脉的抚松，巢安、通化、临江等地，产量要占全国的 90% 以上。自辽金时代起，其产量就已经很可观，明清时代，当地的劳动人民多以此赖以为生，因此，产参的数量大得惊人。据史书记载，明万历三十七、三十八两年，仅建州女真烂掉的人参即达十余万斤之多。

人参分为山参和园参。山参为山野自生，生长年头不限，可生长几十年至百余年不等。在康熙二年（1663 年）曾有人挖到过一棵净重 20 两（当时 16 两为一斤）的老山参。在 1981 年 8 月，吉林省抚松县北岗乡四名农民，用了六个多小时挖出了一棵特大的山参，它已有百岁以上，重达 287.5 克。这棵大山参外形美观，紧皮、细纹，参须上长满匀称的金珠疙瘩。从颅头到须根长 84 厘米。

园参为人工栽培，由种到收约需 6 年以上的时间。虽然其产量不少，但药效远不及野山参为佳。根据对人参的加工方法不同而又可分为红参、生晒参、白参等。红参呈深棕色。生晒参和白参的外表呈黄白色。把刚挖出的人参经汽蒸后，灌以白糖，或用火烤后装在盖有玻璃的木匣内在日光下晒，就成为糖参和生晒参。

人参所以如此珍贵，不仅因为它有"神功"，而且因为它很娇气，生活适应能力很差。它既怕冷，又怕晒，但又需要温暖的阳光，只能生长在温带寒冷气候的有阳光照射的斜山坡上。所以人参的采取和种植都十分困难。我国唐朝时，就已人工种植人参。目前除东北三省大量栽培之外，河北、陕西、甘肃、宁夏、湖北等省、自治区均有种植。

人参的果实就是"猪八戒吃人参果，食而不知其味"里的人参果。它呈扁圆形，如豆粒大小，生青熟红，十分好看。人参果的医药价值也很高，清代学者赵学敏在《本草纲目拾遗》中曾记述说："人参果秋时红如血，其功尤能健脾。"现今，其果肉已被加工成人参膏——一种异香扑鼻的高级滋补品。

猪笼草是如何吃虫的

　　猪笼草是有名的热带食虫植物，主产地是热带亚洲地区。猪笼草拥有一幅独特的吸收营养的器官——捕虫囊。捕虫囊呈圆筒形，下半部稍膨大，因为形状像猪笼，故称猪笼草。在中国的产地海南又被称为雷公壶，意指它像酒壶。这类不从土壤等无机界直接摄取和制造维持生命所需营养物质，而依靠捕捉昆虫等小动物来谋生的植物被称为食虫植物。

　　"猪笼"上方有一个盖子，幼嫩时盖子紧闭，成熟后盖子才向上翘起，里面盛有半瓶汁液，是专门用来淹死掉进去的小虫的，液面上浮着许多蚂蚁等小虫，这些虫大部分是蚂蚁，有黄的、黑的、大的、

猪笼草

小的等不同种类的蚂蚁，有苍蝇、甲虫、蝗虫幼虫，还有蟋蟀、黄蜂、蟑螂、金龟子、鼠妇、蜗牛等，所有这些虫都有一个使它们丧命的共同特点：贪甜食。为什么喜爱甜食会送命呢？原来，猪笼草用富含糖分的蜜露设下了一个个圈套，吸引这些虫子一步步走上死亡之路。

据观察，猪笼草食虫有三部曲：盖子的下表面密密麻麻布满了红色的小点，每一个点都是由许多能分泌蜜汁的细胞集在一起组成一个个蜜腺。在阳光下，猪笼草把叶片中合成的糖分，通过叶中部的细丝送到瓶子上，最集中的就是送到盖子的下表面，使得这里排满一颗颗晶莹剔透的蜜露。当蜜露多的时候就相互连起来，成了一层厚厚的黏稠糖水，成千上万的蚂蚁等小虫到这里可以大吃一顿，当它们把这层糖液吃光以后，便开始四下里继续寻找糖源，这就必然踏上死亡之路的第二个机关——瓶体的口部，这部分是平展的，上面还有一条条高起的棱，蚂蚁在上面边走边用触角四下里寻找蜜露，但是，脚底下只有薄薄的一层糖液，蚂蚁的口器是咀嚼式的，这种口器最适合于咬住对方打架、撕碎食物，因此，尽管遍地都是糖水，蚂蚁却没有舌头，无法舔食，当蚂蚁转身90度把触角伸向瓶口内时，突然触到了特别巨大的蜜露，只要吃上一滴就可以撑饱肚子了。但这90度的转身是致命的，原来红色的瓶口有许多条放射状分布的隆起，用扫描电镜进一步放大就会发现，每一条隆起上还有更细的几十条凹槽，每条凹槽上，方向一致地排列着许许多多浅底的口袋形的结构。千万别小看这些浅底口袋形的结构，它们是蚂蚁等丧命的最关键部分，为什么呢？当蚂蚁顺着瓶口作圆周爬行时，它腿部末端的两个尖爪能够牢牢地抓住这些袋底，这时它会觉得这个地方不打滑，没有掉下去的危险，但这时它也无法吃到糖液，当它转身 90 度，它的触角就能触到下方巨大的蜜露，与此同时它的爪子已经转到了和浅底口袋相同方向的位置，也就是说爪子已经不能抓住"袋底"了，这一瞬间的危险性蚂蚁全然不知，它正为前方的蜜露而激动，急着探头去吸食，它以为强劲的后腿可以抓住地面的袋底，不至于掉下去，当它探出身子重心移向瓶内时，突然感觉怎么后腿打滑抓不住了？实际上它的后腿已经在它转身 90 度时就处于这个位置了，当它还未明白是怎么回事时，便"扑"的一声掉到早已等候着它的液体中了，猪笼草就是这样用小虫喜爱吃的蜜露吸引它们一步一步踏上死亡之路，投入它早已准备好的水池中。猪笼草是植物，它生长在那里一动不动，却可以捉住跑得很快的蚂蚁和会飞会跳的许多小虫。

当人们提到"食虫植物"时大家很自然地会想到动物的进食过程，首先是吞入口腔，然后用牙齿压断、磨碎，再把磨碎的食物咽下，最后到胃、肠进行一系列的消化吸收。猪笼草没有消化系统，它对小虫的消化吸收全部在这个有盖的瓶子中进行，它也不用牙齿咬碎食物，瓶体内壁上有许多腺体，它们能分泌蛋白酶，这些酶把虫体内的蛋白质水解，分解成液体状态的含氮化合物，然后直接吸收转为自身的营养，弥补了它生活在贫瘠的土壤中氮素营养的不足，而虫体的躯壳是由几丁质组成的，猪笼草无法分解几丁质，因此我们在瓶子中看到的虫体基本上都完整无缺，实际上其中大部分已经被抽去了蛋白质，只是一个个空壳而已。

猪笼草的内壁非常滑溜，里面还有半瓶子汁液，掉到其中的小虫是无法再爬出来的，那么，它的盖子又有什么用呢？其实这是用来防雨的，大家知道热带的暴雨是很猛烈的，这个盖子相当于一把伞，既可以挡雨，又允许小虫爬进来送死。如果没有这把伞，当暴雨灌满瓶子的时候，掉下去的所有虫子不是都可以从容地逃出来了吗？这把伞是很起作用的。不单如此，盖子的内壁（下方）布满了蜜腺，这是引诱昆虫来送死的第一个机关。猪笼草的结构已完全可以抓住虫子，它需要盖子作为引诱昆虫的第一步，也需要盖子为它遮挡猛烈的热带暴雨。

猪笼草生长在热带潮湿地区，在海南岛沼泽地的水边或草丛中，在其他岛屿的山坡上甚至可以爬树到达4米高的地方，也可以长在陡峭而有水向下流动的山坡上，那么猪笼草是靠什么爬树呢？这就要了解猪笼草的结构了，猪笼草的每一个叶分为三部分，从茎上生出来的第一部分称为叶片，猪笼草用以引诱昆虫的糖水就是由这一部分在阳光下进行光合作用制造出来的，叶的中部变为一段铁丝般的细丝，遇到阻挡它就会缠绕上去，绕了一圈以后它的茎就可以继续向上攀爬了，猪笼草就是以这样的方式不断往上爬的。

竹子之最

竹是高大、生长迅速的禾草类植物，茎为木质。分布于热带、亚热带至暖温带地区，东亚、东南亚和印度洋及太平洋岛屿上分布最集中，种类也最多。竹枝杆挺拔、修长，四季青翠，凌霜傲雪，备受中国人民的喜爱，有"梅兰竹菊"四君子之一、"梅松竹"岁寒三友之一等美称。同时，竹子也是一种非常美好和难得的绿色资源，被誉为"第二森林"。

世界上最高的竹子是印度麻竹，也叫龙竹、大麻竹、高大牡竹。它生长速度特别快，一般竹笋出土后十几天就可以长得和母竹一般高约 24 ～ 30 米，超过 30 米的也不难见到。1999 年在昆明世界园艺博览会

竹子

上展出的一株印度麻竹，高达 40 米，竹竿粗 30 多厘米。锯下一节就能制成一个不算太小的水桶。

世界上最矮小的竹子是翠竹。翠竹和一般小草的个子差不多大小，不仔细看还真分辨不出它们是竹子。最高的翠竹不过 10 厘米，矮的才几厘米，它们的茎干比牙签还细，竹叶短小青翠，充满勃勃生机，让人看了甚是喜爱。成片培植的翠竹，放眼望去，绿茸茸的像是一床绿地毯铺盖在地面上。翠竹生命力强、适应范围广，特别适于做草坪绿化。现在很多公园都引种了翠竹这种高不过两寸的可爱的小家伙，供游人观赏。

沙罗竹是一种大型丛生竹类，高 7 ～ 12 米，直径 8 厘米左右，长圆形的叶子呈披针状，竹壁很薄且韧性好，适合编织凉席等各种器具，节间长达 60 ～ 80 厘米，沙罗竹是世界上节间

最长的竹子。云南西双版纳著名的傣族泼水节期间所放的"高升"，就是用沙罗竹做的。

世界上竹节最短的竹子是人面竹，人画竹一般长得并不高，跟人的身高差不多，直径一般有两三厘米，粗大的如碗口，小的如手指。人面竹竹竿节距非常短小，节纹并不是像其他竹子一样水平生长，而是斜着向上交错，上下节纹间略略相连，节面微微凸出，每一个竹节就像一张笑容可掬的人脸的轮廓。更令人称奇的是，有的人面竹在上下节纹间还有一个小孔，形状酷似人的嘴巴。"人面"大小不一、形态各异，人面竹因此而得名。

世界上叶子最大的竹子是铁竹，因为它的竹材坚硬如铁而得名。铁竹的叶子很大，一般长约 35～60 厘米，宽 10 厘米左右，最大的叶子长达 60 厘米，宽达 20 厘米，当地居民常把铁竹那巨大的叶子用来代替瓦片盖房子。

世界上叶子最小的竹子是棕竹。棕竹一般高 1 米左右，茎干直立挺拔，不分枝。浓郁墨绿的枝叶紧密地丛生在一起，很有光泽，看起来秀丽挺拔。扇状细条形的叶子只有一二厘米长，宽仅仅 12 毫米，比起叶子最大的竹子——铁竹那宽 20 厘米、长 60 厘米的叶子来，两者相差几十倍。

世界上很多地区都在培植竹子，其中栽培最广泛的是慈竹。慈竹竹竿高 5～10 米，直径 4～8 厘米，每节长可达 60 厘米，竹壁很薄，竹质柔软，材质较轻，用慈竹劈成的竹条可以用来制作风筝上的直杆。慈竹的生命力极顽强，家前屋后，只要有点空地，栽下慈竹都能成活，不过几年就繁殖成茂密的一丛。因为新竹与旧竹同出一根，它们紧紧偎依，好像相亲相爱的母亲和孩子，所以得名"子母竹"。

　　慈竹在我国很早就有种植，并深受人们喜爱，唐初诗人王勃著有《慈竹赋》，"诗圣"杜甫也留下了"慈竹春阴覆，香炉晓势分"这样的诗句。

最长寿的植物

　　在西双版纳的热带植物研究所里，有一种生长缓慢而耐干旱的喜光树，此树树干粗短，树皮灰白纵裂枝叶繁茂。这就是被誉为植物中的活化石的龙血树。它的树龄可达 8000 多年，是地球上最长寿的树。

　　据了解，龙血树主要生长在海拔 60 ~ 1300 米的林中或石山上，树龄可长达 8000 ~ 10000 年。龙血树一般高约 10 ~ 20 米，主干十分粗壮，直径可达 1 米以上。树上部多分枝，树态呈 Y 字形。叶带白色，像锋利的长剑密密地倒插在树枝顶端。开白绿色花，结黄橙色浆果。另据《中国植物志》第十四卷记载，龙血树是百合科龙血树属植物，目前全世界龙血

龙血树

树共有 40 余种，分布于亚洲和非洲的热带和亚热带地区。其中我国有 5 种，产于南部，它们分别是剑叶龙血树、海南龙血树、长花龙血树、细枝龙血树、矮龙血树，是乔木状或灌木状植物。

龙血树的生长异常缓慢，几百年才长成一棵树，几十年才开一次花，因此十分稀有。龙血树虽属单子叶植物，它茎中的薄壁细胞却能不断分裂，从而使茎逐年加粗。

龙血树的树形奇美，极具观赏价值。在云南民间被人们誉为"不老松"，是延年益寿、佑护子孙的吉祥象征。

用刀子在龙血树上划开后会流出暗红色的树脂，俨如流血一样，相传它是巨龙与大象交战时血洒土地而生，因此得名。龙血树中的部分树种如剑叶龙血树、海南龙血树等是提炼名贵中药——血竭的原材料。龙血树的茎干上的树皮如果被割破，就会分泌出深红色的像血浆一样的黏液，也有些像松树所分泌的树脂，俗称"龙血"或"血竭"。血竭是一种名贵的南药，被誉为"圣药"，有止血、活血和补血等三大功效，是治疗内外伤出血的重要药品，也可治疗尿路感染、便秘、腹泻、胃痛、产后虚弱、跌打损伤、心慌、心跳等等，与传统的"云南白药"并称为"云南红药"。另据钟义教授介绍，龙血树的树根、树皮、树叶还可以用来治疗肿瘤等疾病。

我国使用血竭已有上千年历史，但过去一直依靠进口。20世纪 70 年代，我国著名植物学家蔡希陶教授和他的助手们在云南省南部发现龙血树资源，结束了我国血竭长期依赖进口的历史。从此，以蔡希陶教授为首的科技人员，开展了龙血树资源的引种、驯化、试种和开发应用研究，着手研制中国的红药——血竭。

中国科学院西双版纳热带植物园已初步建成我国最大的龙血树专类园。它位于热带植物园的西区东端，与雨林制药有限责任公司连成一片。它根据龙血树植物的分类群、原产地、生活习性等，分为野生龙血树区、栽培龙血树区两大区，总面积两万多平方米，现已收集了国内外龙血树属植物 34 种约 460 株，同科朱蕉属植物 13 种 800 多株，共约 47 种 1260 株。同时该园在建设时采用（三五成丛、高低错落、疏密有致）园林手法并配置了园林山石，因此该园不仅保存了物种，还是融科学研究、旅游观光、科普教育、知识传播为一体的园区，是园林景观、园林植物、园艺栽培集中展示的示范基地。

最大的莲叶——王莲

在南美洲热带亚马逊河流域的水体中，生长着株形奇特的亚马逊王莲，它是睡莲家族的一员，又名王莲。其叶片巨大，叶缘直立，形似小木盆，极为壮观。叶片浮力大，上面能承受一个 20～35 千克儿童的重量。英国建筑家约瑟，曾模仿王莲叶片的结构，设计了一种坚固耐用、承重力大、跨度大的钢架建筑结构，被誉为"水晶宫"。到今天，许多现代化的机场大厅、宫殿、厂房，都用了约瑟的设计原理。王莲具有很高的观赏价值，也十分奇特和神秘。它的花期一般有三天，每天的颜色各不同，开花时花蕾伸出水面，第一天傍晚时分开花，白色并伴有芳香，第二天变为粉红色，第三天则变为紫红色，然后闭合而凋谢沉入水中。由于王莲这一奇特的特性，被人们称为"善变的女神"，在世界各国水景园、植物园的园艺栽培中，被奉为至宝。

王莲

王莲是大型多年生水生草本，有直立、粗短的根状茎，具刺，其下有粗壮、发达的侧根。叶基生，硕大，肉质，有光泽，圆形，叶色深绿色；发芽后，小叶近圆形，浮生于水面，形状随叶片的大小而变化，幼叶呈内卷曲锥状，成熟叶片，平展于水面，直径可达2米；叶柄粗而长，叶背及叶柄具浅褐色尖皮刺。一般成株的叶圆形，叶片巨大，网状脉，直径120～250厘米；叶缘向上折起7～10厘米，全叶宛如大圆盘。因为叶子内部具有特别发达的通气组织，里面能够储藏大量的空气，而王莲的背面又布满了由中心向四周放射的粗壮叶脉，叶脉隆起，支撑着巨大的叶面，使得整片叶子浮于水面，增加了叶片的浮力。王莲浮力最大可承重50千克以上，小孩子坐在叶子上面不会下沉，所以说是名副其实的"水上花王"。果实呈球形，在水中成熟，结实较多，呈黑色，形似玉米，所以又有"水中玉米"之称。花期在夏、秋两季。

王莲在20世纪60年代开始引种到我国，一般多作为一年生植物栽培，因冬季长势明显衰落。王莲的繁殖以播种为主，种子采收后需在水中贮藏，为保持发芽力应经常换水，保持水体清洁。将种子放入盆中一般于12月至第二年2月，以浅盆为主。亚马逊王莲在1～2月育苗，克鲁兹王莲在3～4月育苗，水池中水温30℃～350℃，气温稳定在250℃，水深5～10厘米，15天左右就能发芽。发芽后，逐渐增加水的深度，待小叶和根长出后进行上盆。随着幼苗的生长，经过2～3次换盆后，再换盆应加入少量的基肥。等新苗定植后，水位宜浅，随着苗的生长再进行加水。幼苗期需光照充足，冬季光照不足，尚需补光，每日需12小时以上光照，否则叶片易腐烂。温室栽培，经5～6次翻盆后，便可定植于水池内。夏季天气炎热，要经常打捞池中杂物、杂草，剪除黄叶、烂叶，以保证植株健壮生长。7～8月叶生长旺盛期，可10～15天进行追肥一次；8～9月盛花期，也应注意施肥。

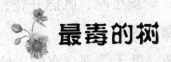

最毒的树

分布在云南南部、广西和海南岛以及东南亚的一种高达30米的大树，叫"见血封喉"，又叫箭毒木，是世界上最毒的植物。

相传在西双版纳，最早发现箭毒木汁液含有剧毒的是一位傣族猎人。这位傣族猎人在一次狩猎时被一只狗熊紧逼而被迫

箭毒木

爬上一棵大树，而狗熊也跟着爬上树来。猎人折断一枝杈刺向狗熊的嘴里。奇迹发生了，狗熊立即倒毙。从那以后，西双版纳的傣族猎人在狩猎前，常把箭毒木的汁液涂在箭头上，制成毒箭来对抗猛兽的侵害，凡被猎人射中的野兽，只能走上三五步就会倒毙。每逢人们提到箭毒木时，往往是"谈树色变"，把它称为"死亡之树"。

箭毒木是一种桑科植物。傣语叫"戈贡"，是一种落叶乔木，树干粗壮高大，树皮很厚，既能开花，也会结果。果子是肉质的，成熟时呈紫红色。

箭毒木的杆、枝、叶子等都含有剧毒的白浆。用这种毒浆（特别是以几种毒药掺和）涂在箭头上，箭头一旦射中野兽，野兽很快就会因鲜血凝固而倒毙。如果不小心将此液溅进眼里，可以使眼睛顿时失明，甚至这种树在燃烧时，烟气入眼里，也会引起失明。

当地民谚云："七上八下九不活"，意为被毒箭射中的野兽，在逃窜时若是走上坡路，最多只能跑上七步；走下坡路最多只能跑八步，跑第九步时就要毙命。人身上若是破皮出血，沾上箭毒木的汁液后，也会很快死亡。用毒箭射死的野兽，不管是老虎、豹子，还是其他野兽，它的肉是不能吃的，否则，人也会中毒而死去。因此，西双版纳的各少数民族，平时狩猎一般是不用毒箭的。见血封喉的毒液成分是见血封喉甙，具有强心，加速心律、增加心血输出量作用，在医药学上有研究价值和开发价值。

有意思的是，由于见血封喉的树皮厚而富含纤维，生活在西双版纳的傣族人民还用它来做"毯子"。因为见血封喉虽有剧毒，但其树皮厚，纤维多，且纤维柔软而富弹性，是做褥垫的上等材料。西双版纳的各族群众把它伐倒浸入水中，除去毒液后，剥下它的树皮捶松、晒干，用来做床上的褥垫，舒适又耐用，睡上几十年也还具有很好的弹性。如果将纤维撕开后进一步加工，还能织成布，傣族妇女可用它来制作美丽的筒裙。

箭毒木是稀有树种，分布在我国的云南和广东、广西等少数地区，东南亚和印度也有，是我国的热带雨林的主要树种之一。随着森林不断受到破坏，植株也逐年减少。

 ## 最高和最矮的树

如果举办世界树木界高度竞赛的话，那只有澳洲的杏仁桉树，才有资格得冠军。杏仁桉树一般都高达100米，其中有一株，高达156米，树干直插云霄，有50层楼那样高。在人类已

澳洲杏仁桉树

测量过的树木中，它是最高的一株。鸟在树顶上歌唱，在树下听起来，就像蚊子的嗡嗡声一样。

澳洲杏仁桉树基部周围长达 30 米，虽然很高，但树干直径并不是很粗，树干笔直，向上则明显变细，枝和叶密集生在树的顶端。叶子生得很奇怪，一般的叶是表面朝天，而它是侧面朝天，像挂在树枝上一样，与阳光的投射方向平行。这种古怪的长相是为了适应气候干燥、阳光强烈的环境，减少阳光直射，防止水分过分蒸发。

据说，一棵树每年可蒸发掉 17.5 万千克水分，因此有的国家把桉树栽种在沼泽地里，当做活水泵抽吸地里的水。

常言说"大树底下好乘凉"。可是在高大的杏仁桉树下却几乎没有阴影。因为它的树叶细长弯曲，而且侧面朝上，叶面与日光投射的方向平行，犹如垂挂在树杈上一样，阳光都从树叶的缝隙处倾泻了下来。

杏仁桉树虽然高大，但它的种子却很小，每粒约为 1～2 毫米，20 粒种子才有一粒米大。可是它生长极快，是世界上最速生的树种之一，五六年就能长成 10 多米高，胸径 40 多厘米的大树。

杏仁桉的木材是制造舟、车、电杆等极好材料。树木中还能提炼出有价值的鞣料或树胶。其叶子有一种特殊的香味，可用来炼制桉叶油，有疏风解热、抑菌消炎、止痒的医疗作用。桉叶糖的主要原料之一，就是桉叶油，有清凉止咳之功。

那么什么世界上最矮的树又是什么呢？

一般的树木能长到20～30米高，然而有一种树只有5厘米高，它就是世界上最矮的树——矮柳。

矮柳生长在高山冻土地带，那里阳光照射很少，空气稀薄，温度非常非常低，风很大。为了适应这种恶劣的生存环境，矮柳的茎只能匍匐在地面上生长，抽出细小的枝条，开出像杨柳一样的花。矮柳一般只有3～5厘米高，长得比当地的蘑菇都要矮小，真不愧是世界上最矮的树。如果与世界上最高的树——澳洲杏仁桉树相比，一高一矮，高度相差竟有15000倍。

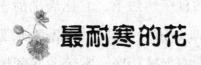

最耐寒的花

世界上最耐寒的花是出产在中国的雪莲，即使在零下50℃，也鲜花盛开。

雪莲是菊科风毛菊属雪莲亚属的草本植物。它生长在海拔4800～5800米的雪山雪线附近的碎石间，耐低温抗风寒，花像莲蓬座子，顶形似莲花，故得名雪莲花。该亚属的植物有20余种，绝大部分产于我国青藏高原及其毗邻地区。雪莲花不易

雪莲

采摘，数量有限。

西藏境内有下列7种雪莲：（1）喜马拉雅雪莲，产亚东、聂拉木；（2）三指雪莲，产八宿、波密、加查、错那和亚东；（3）绵头雪莲，产乃东和错那；（4）小果雪莲，产申札、南木林、仲巴、普兰、札达；（5）错那雪莲，特产错那；（6）丛生雪莲，产吉隆；（7）水母雪莲，广布全区。以上7种，全草均可入药。

雪莲为什么能顽强地生存于冰山雪地？因为雪莲有适应高山环境的生物学特性，它叶极密状如白色长绵毛，宛若绵球，绵毛交织，形成了无数的"小室"室中的气体难以与外界交换，白天在阳光的直接照射下，它比周围的土壤和空气所吸收的热量要大；而绵毛层又可使机体免遭强烈辐射的伤害。另外，密集于茎顶端的头状花序，常被两面密被长绵毛的叶片所包封，犹如穿上了白绒衣，以保证在寒冷的高山环境下传宗接代。

雪莲这种适应高山环境的特性是它长期在高山寒冷和干旱的条件下形成的。由于雪莲的细胞内积累了大量的可溶性糖、蛋白质和脂类等物质，能使细胞原生质液的结冰点降低，当温度下降到原生质液冰点以下时，原生质内的水分就渗透到细胞间隙和质壁分离的空间内结冰。而原生质体逐渐缩小，不会受到损害。当天气转暖时，冰块融化，水分再被原生质体吸收，细胞又恢复到常态。雪莲就是靠这种抗寒特性，生存于高寒山中。

雪莲种子在0℃发芽，3℃～5℃生长，幼苗能经受零下20℃的严寒。在生长期不到两个月的环境里，高度却能超过其他植物的5～7倍，它虽然要3～5年才能开花，但实际生长天数只有8个月。这在生物学上也是相当独特的。

雪莲形态娇艳，这也许是风云多变的复杂气候的结晶吧。它根黑，叶绿，苞白，花红，恰似神话中红盔素铠，绿甲皂靴，手持利剑的白娘子，屹立于冰峰悬崖。狂风暴雪之处，构成一幅雪涌金山寺的绝妙画图。

藏族老百姓将雪莲花分为雄、雌两种，据说雌的可以生吃，具有甜味，雄的带苦味。而植物分类学上将雪莲分为雪莲亚属和雪兔子亚属两大类。

雪莲花除产西藏外，在我国的新疆、青海、四川、云南也有分布。各地民间将雪莲花全部入药，主治牙痛、风湿性关节炎、阳痿、月经不调、红崩、白带等症。印度民间还用雪莲花来治疗许多慢性病患者。如胃溃疡、痔疮、支气管炎、心脏病、鼻出血和蛇咬伤等症。在藏医藏药上雪莲花作为药物已有悠久的历史。藏医学文献《月王药珍》和《四部医典》上都有记载。

雪莲花具有生理活性有效成分。其中伞形花内酯具有明显的抗菌、降压镇静、解痉作用；东莨菪素具有祛风、抗炎、止痛、祛痰和抗肿瘤作用，临床上治疗喘急性慢性支气管炎有效率为96.6%芹菜素具有平滑肌解痉和抗胃溃疡作用；对羟基苯酮有明显的利胆作用。

饶有兴趣的是雪莲花中所含的秋水仙碱，该成分是细胞有丝分裂的一个典型代表，能抑制癌细胞的增长，临床用以治疗癌症，特别以乳腺癌有一定疗效，对皮肤癌、白血病和何金氏病等也有一定作用。对痛风急性发作特异功效，12~24 小时内减轻炎症并迅速止痛，长期使用可减少发作次数。此外还具有雌激素样作用活性，能延长大鼠动情期和动情后期，而缩短间情期和动情前期。但秋水仙碱的毒性较大，能引起恶心、食欲减退、腹胀，严重者会出现肠麻痹和便秘、四肢酸痛等副作用。由于雪莲花中含有疗效好而毒性较大的秋水仙碱，所以民间在用雪莲花泡酒主治风湿性关节炎和妇科病时，切不可多服。

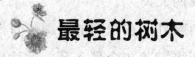

最轻的树木

在我国的树木大家庭中，材质最轻的要数轻木。轻木，也叫巴沙木，是生长最快的树木之一，也是世界上最轻的木材。这种树四季常青，树干高大。叶子像梧桐，五片黄白色的花瓣像芙蓉花，果实裂开像棉花。我国台湾南部早就引种。1960 年起，在广东、福建等地也都广泛栽培，并且长得很好。

轻木又称百色木，属于木棉科、轻木属。是一种常绿乔木。一株 10~12 年生的轻木高可达 16~18 米，胸围 1.5~1.8 米。其树干挺直、树皮呈褐色。其宽心脏形，片片单叶在枝条上交互排列，叶的边缘具有棱状的深裂。花长得很大，是白色的，着生在树冠的上层。果实称作蒴果，长圆形，里面有绵状的簇毛，由 5 个果瓣构成。种子是倒卵形的，呈淡红色或咖啡色，外面密被绒毛，犹如棉花籽一样。

轻木

轻木生长非常迅速。一年就可高达 5 ~ 6 米，胸围 30 ~ 40 厘米。由于它体内细胞组织更新很快，又不会产生木质化，所以它的根、树干、枝干各部分都显得异常轻软而且富有弹性。

这种树木比用来作软木塞的栓皮栎还要轻两倍。一根长 10 米，合抱粗的轻木，就连一个妇女也能轻易地把它扛起来。干燥的轻木比重只有 0.1 ~ 0.2，由于它导热系数低，物理性能好，既隔热，又隔音，因此是绝缘材料、隔音设备、救生胸带、水上浮标及制造飞机的良材。又由于其木材容量最小，不易变形，体积稳定性较好，材质均匀，容易加工，因此也可制作各种展览模型及塑料贴面。此外，其种毛还可以作枕、褥的填充材料。

轻木的木材每立方厘米只有 0.1 克重，是同体积水的重量的十分之一。每立方米仅重 115 公斤。一个正常的成年人可以抬起约等于自身体积 8 倍的轻木。轻木不仅木材特别轻，木质细白，虫不吃，蚁不蛀，而且生长迅速，树干又高又直，分枝少，叶片大而圆。在热带雨林里，它宛若着紧身短衣筒裙、系银腰带、撑着绿纸伞的傣族少女，窈窕美丽，亭亭玉立。

据说，15 世纪时哥伦布首先发现了美洲新大陆。从那以后，欧洲殖民者争先恐后地派军队占领美洲地盘。西班牙军队到厄瓜多尔时，军人们看到在流往萨摩岛的奔腾咆哮的河流中，有 7 个土著姑娘乘着一种特殊木头扎成的木筏，冒着狂涛激浪漂流而下，木筏时而在浪尖上，时而沉入水花中，但始终都不会沉没，感到十分惊奇。后来，军人们还发现，这种木头特别轻，防腐性能好，当地手工艺人用它制造出的各种各样的生活用具和工艺品，很受人们欢迎，往往供不应求。于是，西班牙军人第一次把这种木材叫做轻木。后来，轻木被运到西班牙乃至整个欧洲，并逐渐在全世界传播开来。

最小的灌木

林奈木，是"灌木王国"中最小的一员，也叫林奈草和林奈花，又名北极花，属于忍冬科，是四季常青的匍匐性灌木，木质茎与枝仅仅高约 5 厘米到 10 厘米，细如铁丝，整个林奈木矮小似苔藓。叶子四枚，花成对生于枝顶，白色或粉红色，放出芬芳。果实近似球形，很小很小，长约 3 毫米。

林奈木是广泛分布于北半球寒冷地区的单种属，多生于针叶林和阔叶混交林下。我国东北的长白山和兴安岭、新疆的阿尔泰山等地区的树林下就有成片的林内木生长着。

人类中身材高大的巨人身高可近3米，个头特矮的侏儒身高仅五六十厘米，两者一比较，相差竟有五六倍。而树木中的"巨人"和"侏儒"，身高相比就绝不止五六倍了，而要相差几千倍，上万倍。

在谈到"侏儒树"时，人们常要提到世界上最小的灌木之一——林奈木。它是忍冬科的一种常绿小树，由于它是这样的矮小，相貌如此的平凡，一般人竟把它视作小草，常呼作"林奈草"。其实这是不公平的，因为它的树干是由木质组成的，确确实实是一种树木！

林奈，是大名鼎鼎的瑞典博物馆学家的名字。那么，这种小小的灌木，为啥要冠以一位大科学家的名字呢？这里有个典故：

1730年，林奈独自一人前往瑞典北部偏僻的拉普兰地区考察和采集植物标本。他用了近半年时间，历尽千难万险，终于圆满地完成了任务。回来后他写成了《拉普兰植物志》一书，介绍了这个地区的植物情况，受到科学界一致好评。

为表彰他的这一功绩，瑞典皇家科学院特地将拉普兰地区所产的忍冬科植物里的一个属以他的名字来命名，叫做"林奈属"。按例，第一个属都必须有它的代表植物，这位谦虚的学者，便从中选出了这种最小的灌木以自己的名字命名，借以说明个人的作用是微不足道的。现在，当人们一看到那矮小的林奈木时，就会想到那位伟大的科学家，想到他为植物学作出的贡献，想到他的谦虚。

最小的有花植物

在中国南方的池塘、水洼或水沟的水面上，有时候密密层层地覆盖着一片片圆圆的小叶子，大约只有圆珠笔芯那么大，背面一条细根浸在水中。这种极小的植物叫浮萍。世界上最小的有花植物与浮萍很相像，可是它只有浮萍的四分之一大小，称为微萍。

微萍的家族只有姊妹俩：一个学名叫微萍；另一个叫无根萍。这两个学名形象地反映这两种植物的形态特征：微小得只能在显微镜下才能看清；简单得连根也没有了。

这两种植物不仅没有根，而且也没有叶，整个植物体就是扁平的茎。它阳面平整，阴面隆起，像一粒粒绿色的细砂，密盖在静止水面上。每粒长只有 1 毫米左右，宽还不到 1 毫米；生长最旺盛时，每平方米的水面上，可以有上百万个植物个体。

微萍是一种有花植物，可是它难得开花。微萍的花很小很小，长在植物体的表面上，样子像灯泡，外面满是细小的鳞片。整朵花比针头还小，里边却有一朵雌花和两朵雄花组成，是一个完整花序！

这两种植物产于热带和温带，我国东南各省和台湾省也有。开花后可以结出圆球形、表面光滑的果实。但是，在绝大多数情况下，它们并不是开花结果繁殖后代，而是像细菌那样分裂繁殖：在植物体边上长出另一个新的植物来，以后就分裂成两个，新植物体开始独立生长；就这样植物体一分为二，二分为四……很快占有整个水面。他们是喂养鱼苗得好饲料。

最著名的抗癌树木

三尖杉是一种常绿灌木或小乔木，高不过 12 米。在森林大家庭中，它只能算个小兄弟。它的树皮灰色，呈薄片状脱落，叶长条形，先端尖，与杉树相似。其貌并不惊人，所以过去，人们不熟悉它。但自从发现它对治疗癌症有一定作用之后，便名扬天下。

三尖杉所以对某些癌症有疗效，是因为它的枝、叶、花、种子可以掘取多种生物碱，尤其是含有高三尖杉酯碱，对血癌（白血病）和淋巴肉瘤有显著疗效。据报道，

三尖杉

250 公斤三尖杉木材可提取 1 克的高三尖杉酯碱。

三尖杉也是古代的孑遗植物，被称为"活化石"。它在地球上的分布范围很狭窄，主要在我国长江流域少数地区以及日

本和东南亚一带。1979年，在浙江景宁畲族自治县东坑区与福建寿宁交界处，海拔1200米的高山上发现了不少三尖杉，后来在渤海的高山上也有发现，但为数不多。最近，江西宜丰县一中的师生在赣西北九岭山脉的宜丰县同安乡和奉新县上富乡之间，首次发现大片的篦子三尖杉，它与苦、梢、楠木等林木混交，面积约有250平方公里。

三尖杉性喜温暖，且喜欢肥厚湿润的土壤，所以自然生长多在海拔1000米左右的山间溪水边。人工栽培要求在微酸性和中性土壤，排水良好、空气湿度大的环境中。三尖杉繁殖较容易，可用播种方法，可进行扦插。播种需在春季。由于它的种子休眠期较长，所以需进行催芽处理之后，方能进行，否则难以出苗。扦插一般在二、三月进行。

三尖杉终年翠绿，枝繁叶茂，树姿优雅、端庄，尤其在叶下有两条洁白的气孔带，微风吹拂，绿白相间，妙趣横生，招人喜爱。所以可作为优良的风景树。一般常把它作为配置树种，种在大树之下，或草坪之边缘。若作为盆景及切花装饰材料，则另有一番风趣。

三尖杉除药用和观赏价值之外，它的木材纹理致密，色淡白黄，美观大方，具有良好的弹性，为制作高级家具以及扁担、木柄等农具良材。其种子微带甜味，除供食用之外，尚可榨油。据分析，其含油量达60%，而出油率达50%。其油可供调漆、制蜡，作为工业上的硬化油。并有润肺、止咳、消积等功能。